# サンゴいっぱいの海に戻そう

## 美ら海振興会がめざす未来

松井さとし
吉崎誠二
著

芙蓉書房出版

サンゴに群れるデバスズメダイ

赤色がきれいなリュウ
キュウイソバナ

カエンサンゴとネッタイスズメダイ

ニモで人気のカクレクマノミ

幻想的な世界

サンゴ畑

太陽に向かってグングン
伸びています

サンゴ株を植え付け中

元気に大きく育ちますように

植え付け前に藻を落として…

植え付けたサンゴを守るカゴ

サンゴにからみついた糸をナイフで切り取る

サンゴの植え付け作業中

植え付けたサンゴ

植え付け前のサンゴ

水中のゴミひろい

釣り糸を取り外し中

サンゴにからみついた釣り糸

サンゴを食べるレイシガイ

少しの時間で両手いっぱいに……

加盟店のボランティアスタッフによる港のゴミひろい前のミーティング

恩納村のショップとも連携した水中駆除活動前のミーティング

不法投棄のゴミも回収

無人島でのゴミひろい

港に打ち寄せられるゴミ

チービシ諸島神山島に上陸して
ゴミひろい

協力して無人島からゴミを運
び出す

こんなゴミが海外からも漂着…

神山島（無人島）でのゴミひろいにはたくさんの人が参加

恩納村でのゴミひろい＆水中駆除活動にもこんなにたくさんの人が

# はじめに
## ――サンゴいっぱいの海に戻るまで――

吉崎　誠二

あの頃の海はもっとサンゴがいっぱいだった――。


今日も多くのダイバー達が日本中の海に潜って至福のひと時を味わっている。

世界を代表するダイビングポイントと言われる沖縄慶良間《けらま》諸島周辺海域。かなりの数の船が沖に停泊し、そこからダイバーが海に入る。そこで目にすることのできる光景は、言葉で表現することは、不可能な幻想的な景色だ。

「今、私たちが見ている沖縄の海は二〇年前と全く違う。サンゴがあふれるエメラルドグリーンの海、お花畑のようにサンゴは広がっていた」

そんな話を、ある沖縄の漁師（海人＝うみんちゅ）から聞いた。

沖縄県外（本土）に住む観光客は、いまの沖縄の海を眺めて、「すご〜い。きれい！」と心をときめかせている。しかし、二〇年前の海はもっときれいだった。

たった二〇年前。

日本が最高に景気のよかったあの頃くらいまで。


私が初めて沖縄を訪れたのは今から一八年前、一九九三年の夏だった。その時の海の印象を明確には覚えていないが、確かにきれいだと感じた。しかし、私には現在の海と記憶の中の海のちがいは、はっきりしない。それは毎日、沖縄の海を眺めていないからかもしれない。

沖縄の海は、水がきれいなことに加えて、サンゴ礁に囲まれているから、太陽の光が浅瀬に反射し、きれいに見える。

沖縄の海はそんなにも変わったのか？ 減っていくサンゴ。その流れは止められないのか？

自然のゆっくりとした時の流れによって作られたモノを、人間があっという間に喪失させてしまったのだろうか？


人と人との出会いとは、不思議なものだと思う。

「出会いは必然」と言う人もいれば、「偶然だよ」と言われる人もいる。

この本は、日本を代表するダイビングインストラクターとして著名な松井さとしさんと、経営コンサルタントの吉崎誠二の二人が分担して書いた。

共に、美ら海《ちゅうみ》振興会という、沖縄の海の清掃・保全とサンゴを守ることを主目的としたNPOの理事を担っている。松井さんは会の設立メンバーであり、現在は全体をまとめる会長職にある。

松井さんとの出会いは二〇〇六年くらいだっただろうか。その時、私は初めてダイビングというものを体験した。仕事で知り合った方が、ダイビングのインストラクターもしていて、その方のもとで、スキューバダイビングのライセンスを取ることにした。

沖縄でのスキューバダイビングのライセンス（通称Cカード）取得は、本土地域（本州・九州・四国・北海道）での取得に比べて贅沢を味わえる。水深の浅い場所で基礎的なことを習得した後に、豪華なスキューバダイビング専用のクルーザーに乗り、そこで残りの訓練をして取得した。本土地域では、こうしてクルーザーに乗ることはあまりない。

その時に乗船したクルーザーの船長が松井さんだった。後に、沖縄でも名門ダイビングショップであるシーマックス社の経営者と知る。そして、ダイビングインストラクターとして全国的に著名な方だと知る。

それから幾度となく松井さんが操縦する船に乗った。その船で世界有数のダイビングスポットといわれる慶良間諸島沖でダイビングをした。何度も乗ったが、いつも心地いい時間をすごすことができた。そして、サンゴあふれる海に圧倒された。熱帯魚が泳ぐ水槽を眺める時に感じる一〇〇倍以上の美しさだと感じた。

また、青という色にはこれだけの種類があるのだと初めて知った。そのさまざまな青色を自分の目で見た。同じように緑色にもいろんな種類があった。水と太陽の織りなす色、いっぱいに広がるサンゴ、色とりどりの無数の魚たち。そうしたすべてを独り占めできる時間をダイビングは提供してくれる。

仕事は楽しんでワクワクするものだと思っているが、強がっていても心を癒されたい時もある。そんな時にダイビングは最高にリラックスできる時間を提供してくれた。

夕方には少し早い時間。慶良間から那覇港へ戻る船の上。心地よく疲れた体に海風があたる。約一時間の船の上で感じる爽快感。ダイビングの魅力は海の中だけでない。こうした清々しい時間も味わえる。

あれから、現在まで何本くらい潜っただろうか？　かなりの回数（日数）、この青色の海とサンゴの世界を堪能した。


そんなある時、松井さんから沖縄本島のダイビングショップを中心としたＮＰＯの存在を聞かされた。

年々失われていくサンゴを再生する活動と周辺の海の清掃活動を主目的としたＮＰＯで、在沖縄の主要なダイビングショップが加盟しているということだった。そして、具体的な活動内容を聞いた。

「何か自分にできることはないか」

とっさにそう思ったが、具体的には思いつかなかった。

「いつか自分にできることがはっきりしたら、お手伝いしよう」

その時はそうとだけ決めた。

それから、松井さんと何度かお会いする機会があった。海の上だったり、松井さんのお店であったり、場所はいろいろだったが、ダイビングの話をいろいろ聞かせていただいた。あるとき、松井さんの船に乗りダイビングに出かけた。その船で何気なく一枚のシールを見つけた。それは、"CYURAUMISHINKOKAI"と書かれたシールだった。この〈美ら海振興会〉こそ、以前聞いていた、NPOの名前だった。

船を操縦する松井さんに「活動は順調にされていますか」と聞くと、「ええ、いろんな企業が協賛してくれています。また、サンゴの植え付けも盛大にやっています」と言われた。

私は、「何かできることがあれば、言ってください。微力ながら何かできることをしたいのです」と言った。

しばらくして、当時の会長・副会長の方と三人でお酒を飲むことになった。その席で、松井さんから「吉崎さん、美ら海振興会の理事になりませんか？　そして、この団体の活動内容を多くの人に広め、また、活動内容に対して企業が関心を持つようなアドバイスをしてくださいよ」と求められた。

もちろん私は、「私にできることでしたら喜んでお受けします。ただいつも沖縄にいるわけではないので活動は制限されますが、いいですか」と答えた。

「もちろん、承知の上です」と松井さんは言われた。

私は、表情はどんな風だったかわからないが、心の中はうれしさであふれかえっていたことを記憶している。そして、自分にできることは何かと、泡盛を注がれながら会話を楽しみながら自問自答していた。

この後、理事会の承認を経て、私は正式に美ら海振興会の理事となった。初めて理事会に参加して、時に、その活動内容が多岐にわたり、かつかなり真剣に行われていることに改めて驚いた。熱い議論が交わされていた。その議論の中身を聞いて、このＮＰＯはますます多くの人々や企業に支持を受けるだろうと、思った。

自らの職業である経営コンサルタントの感覚で、その会議の様子を冷静に見ている時に、そう感じた。組織にしっかりとした志があり、全体をまとめるリーダーがいる。そして、各部門をまとめるリーダー（理事）がいて、うまく機能している。志と組織機能バランスがいいと思えた。

美ら海振興会がどのような経緯で設立され、どんな活動をしているのか。ぜひ多くの人々に知ってもらいたい。

そんな思いで本書を書き始めた。ぜひ、最後までお付き合いしていただきたい。

サンゴいっぱいの海に戻そう
——美ら海振興会がめざす未来

目次

第二部

# 発展するＮＰＯはどこがちがうか

吉崎　誠二

第一部

# サンゴいっぱいの沖縄の海にするために

松井さとし

# 1　いま沖縄の海で何が起こっているのか

## 壊滅の危機に瀕しているサンゴ礁

日本のサンゴ礁の約90％が分布する沖縄海域、その中でも沖縄本島周辺のサンゴは、現在ほぼ壊滅状態という危機的状況にあります。一九九七年に世界自然保護基金（ＷＷＦ）が各国のサンゴの被害状況を地図にまとめた結果、南西諸島は二番目に危険度が高い「絶滅危惧」にランクされました。危機的状況にある沖縄のサンゴ礁は、自然の再生を待つと一〇年以上かかると言われています。しかし、その一〇年の間にも地球温暖化による水温上昇やオニヒトデ・レイシガイ類などの捕食者の大発生は断続的に続くと考えられ、その影響から、何種類かのサンゴは沖縄から消滅してしまうかもしれません。

サンゴは、次のようなさまざまな機能を持っています。

・漁場としての機能――漁業を営んでいる人々にとってサンゴ礁資源の恩恵は重要な機能です。

・多様な生物を共存可能にする機能――複雑な食物連鎖関係が成り立ち、生物の多様性が高く維持されます。
・環境浄化機能――流入してくる有機物は動物の摂食活動により、その量が減少し、水質、底質が浄化されます。
・景観機能――美しいサンゴ礁の景観から精神的な安らぎが得られます。
・防災機能――台風時の高波や地震時の津波などの消波作用です。
・二酸化炭素の循環機能――サンゴ礁の二酸化炭素消費量は森林が消費する量の五〇倍以上と言われています。

では、サンゴを絶滅の危機から救うために、私たちができることはないのでしょうか？

亜熱帯の島と言われている沖縄ですが、年間の気温の温度差が本土に比べて非常に小さいのが気候の特色です。

七月や八月の日差しが強い日でも31～33℃と、本土に比べても3～4℃低く、冬でも14～15℃前後と、こちらも本土に比べ温かく、年間を通じとても過ごしやすい場所だと思います。

最近では、夏の本土の異常な気温上昇に「沖縄は避暑地」として脚光を浴びているとも聞きます。四月下旬ごろから始まる梅雨の時期も知られており、六月中旬まではスコールのように雨が降ります。降水量は年間二〇〇〇ミリ程度で、雨が降っている日は年間平均一〇〇日を越えます。〈真っ白な雲に、真っ青な海〉のイメージとは裏腹に、年間を通して快晴の日は多くありません。穏やかな海に晴れた空を沖縄で見られたらラッキーなのかも知れません。年中、風も吹いていますので、平均湿度（70％以上）の高い沖縄でも涼しさを感じることができます。

ある資料によると、沖縄近海には約四〇万年から五〇万年前ごろにサンゴ礁が出現して琉球石灰岩を形成したとされます。その後、氷河期の訪れとともに、その当時の海面水位が下がり、その間サンゴ礁の形成が中断、約一〇万年前から再び形成が始まり、今見られるサンゴ礁は全て一万八〇〇〇年前の最後の氷河期の後に形成されたものと言われています。遠い昔、私たちの先祖のそのまた先祖のその先の昔、地球上にはまだ今のようなキレイなサンゴ礁はありませんでした。

火山でできた島が多い時代、噴火を繰り返す中で島々が地盤沈下を始めました。島が隆起したり沈下を繰り返していくうちに、島の周りの海岸線に沿ってサンゴ礁が少しずつ形成されていきました。日本は、ほとんどこのようにしてできたサンゴ礁と言われています。

さらに地盤沈下が進み、陸地とサンゴ礁が海で隔たって形成されたのがオーストラリアにあるグレートバリアリーフです。沖縄では石垣島と西表島近海、久米島などにこのように形成された場所があります。ちなみに、グレートバリアリーフを人工衛星から写真に撮ると、はっきり映るそうです。

地盤沈下がさらに進むと、付近に全く陸地が見えないようなサンゴ礁が形成されます。これは環礁と呼ばれ、モルディブなどが代表的です。沖縄本島の東に位置する北大東島や南大東島は、環礁が隆起してできたと言われています。この沈降説を唱えたのが進化論で有名なチャールズ・ダーウィンだったそうで、一八四二年のことです。科学や技術の進歩で、今ではこの説は立証されています。

## なぜサンゴ礁を守らなければいけないのか？

沖縄本島や慶良間《けらま》のサンゴの現状をお話しする前に、世界のサンゴについてお話しします。
世界中にあるサンゴ礁の面積はおよそ六〇万平方キロ（南米ベネズエラとほぼ同じ面積）で、海底の総面積の1％にも満たないと言われています。しかしその小さな面積の中で海洋生物種全体の約25％が成育し、これまでに確認され知られている魚類の30％以上が生息していると考えられています。

世界には七つの海と呼ばれる海域がありますが、その中の大西洋には世界のサンゴ礁の約15％が分布し、七〇種近いサンゴと五〇〇種以上の魚類が生息しています。インド洋と太平洋には世界のサンゴ礁の約85％が分布し、七〇〇種以上のサンゴと四〇〇〇種以上の魚類が生息していると研究者は話しています。

これまでに世界中で見つかっている一〇七属（チョウチョウウオにもいろいろな種類がいるように、サンゴにもたくさんの種類があるのです）のサンゴのうち大西洋と太平洋で共通しているサンゴはわずかに八種類程度だけだそうです。そう考えると、大西洋と太平洋でそれぞれに生息しているサンゴは独自の進化を繰り返して今のサンゴ礁を築いたのかもしれません。そのサンゴ礁に生息している生物はこれまでに約八万種が確認されていますが、研究者の中には一〇〇万種以上が生息すると唱える人もいます。

このように、相当数の生物が生息しており、その生物の住み家であるサンゴ礁を私たち人間は守っていかなければいけません。でもこれだけたくさんの種類の生物が存在すれば、一つや二つの生物が絶滅しても、私たち人間に目に見える形で、生活に直結する問題は起きていないように思います。自然界でも、いなくなった生物の代わりに別の生物が補って事なきを得ているかも。

しかし、一〇〇万ピースのパズルに置き換えた時、事の重大さがわかります。パズルは一つでもピースが欠ければ完成しません。パズルのデザインが複雑であればある程、ピースがなくなったパズルのデザインは分からなくなり、結果、完成したものを見ることはできないですよね。ですから、絶滅する生物が増えれば増えるほど、何らかの形で私たち人間にも影響が出てきます。

沖縄本島の北部では昔、イルカ（ヒートゥー）漁が行われていて、その肉が食べられていました。現在は、イルカ肉を食べている話は聞きませんし、漁の話も聞きません（イルカ漁は行われているのかも知れませんが……）。イルカの数が激減したせいなのか、世論を気にしてなのか……、最近では日本の捕鯨調査が妨害にあったニュースが流れていましたね。クジラの数の減少が原因ですが、両者の言い分、難しいところです。

サンゴ礁は水中生物の生息域としてだけではなく、私たち人間にも恩恵を与えてくれています。例えば、嵐や波による被害や浸食から島や沿岸地域を守る役割を果たしています。世界の海岸線の六分の一がサンゴ礁によって守られていると言われ、標高が低い島は波のエネルギーをサンゴ礁が拡散、吸収しています。それでも地球温暖化の影響で北極や南極の氷が解けて、モルディブなどの島々は海に沈んでしまうと言われていますし、海岸線は毎日少しずつ削られていると言います。

ある調査によると、一平方メートルのサンゴ礁に守られる資産価値は約四〇〇万円に相当するそうです。サンゴ礁を観光資源として活用し、地元経済を活性化させている国や地域もあります。こういった資源を活用したり、あるいは関連する観光分野は世界最大の産業であり、全産業の労働力の10%を占めます。観光産業の経済的な効果、可能性は漁業をはるかにしのぎ、世界の観光産業の年間総収入は海洋漁業の二五倍以上と言われています。

サンゴ礁などは場所によっては一平方キロメートル当たり年間、約二億四〇〇〇万円の観光収入を生みだすことさえあります。一方ではダイナマイトを水中で爆破させ、その衝撃で気絶して浮いてきた魚を捕獲する漁法や、海域に猛毒を撒布して弱った魚を網で捕る漁法を使い漁業を営んでいる地域が存在しているのも確かです。一回当たりの収入はそれなりにありますが、こういった破壊的な方法ではいずれその海に魚がいなくなってしまいます。健全なサンゴ礁を存続させるには個人レベルだけではなく、地域レベルあるいは国レベルで十分な計画や管理を行わないといけません。

## どうしてサンゴ礁の生態系は重要なのか？

また、サンゴには抗がん剤や抗生物質など、さまざまな生物医学的化合物が含まれているそうです。最近では、人の骨の修復などいろいろな実験にサンゴが使われています。サンゴには、まだまだ知られていない未知の世界や未発見な部分がたくさんあり、将来その恩恵を受けるためにも健全なサンゴ礁を残さなくてはいけません。

サンゴはその昔、植物とも無脊椎動物とも言われていました。動物的植物とも。実際にサンゴは動物で、体の構成は主に石灰質（炭酸カルシウム）でできています。体内に共生している藻（褐虫藻《かっちゅうそう》）との協同作用で海水に含まれるカルシウムと炭酸塩から作られています。サンゴは動物の分類ですが、植物的な性質も持ち合わせており、体内に共生している褐虫藻が光合成を行うことでできる脂質や炭水化物を栄養にしています。サンゴは自分自身の成長に必要な栄養分の50％以上を、褐虫藻の光合成でまかなっています。褐虫藻はサンゴが呼吸する際に出す二酸化炭素やリン、窒素を利用して光合成を行っています。しかし褐虫藻は夜には光合成を行えないため、サンゴ自身が触手を伸ばしてプランクトンなどを捕食し、タンパク質など足りないものを補っています。その際に発生する二酸化炭素を褐虫藻は取り込んでいるわけです。

面白いことに、サンゴは元をたどっていけばクラゲやイソギンチャクと同類です。動物とはいえ、脳や目、内臓や肛門などは持っていません。硬い骨格を持つハードコーラルは、体内や触手の中に褐虫藻が共生していて、触手の数が6の倍数であることから六放サンゴと呼ばれています。これらのサンゴは主にサンゴ礁を形成するので造礁サンゴとも言われています。六放サンゴは基本的に寒さに弱く、どちらかというと高い塩分濃度を必要としていてキレイな海水域でないと育ちにくいサンゴです。

六放サンゴは光合成で太陽光を必要としているため、いろいろな成長の仕方をします。例えば、横に広がる種類やアフロヘアーのように立体的なマルを描くように広がる種類などさまざまです。太陽光がよく届く水深三〇メートルより浅い水域に多くのサンゴが存在しています。ですから、沖縄本島周辺や慶良間諸島海域は浅い水域にキレイなサンゴが群生しているのです。澄んだ水域では水深五〇メートルを越えて生息するサンゴもあります。慶良間諸島と沖縄本島との間にあり、三つの無人島からなるエリア、チービシ（慶伊瀬島《けいせじま》）には水深四三メートルの場所でエダサンゴの種類がすくすくと育っています。

ハードコーラル（硬いサンゴ）だけではなく、ソフトコーラル（やわらかいサンゴ）と呼ばれるサンゴもあります。骨格を持たないソフトコーラルは、触手が八本あり、八放サンゴと呼ばれ、サンゴ礁形成にあまり大きく貢献しないので非造礁サンゴとも言われています。八放サンゴの仲間は、六放サンゴ（ハードコーラル）同様、多様性にあふれています。プランクトンなどの餌を取りやすくするために、潮の流れを受けやすい体を作る種類、比較的汚れた海域で群生する種類、フグと同じ猛毒をもつ種類、中には水深一〇〇メートルを越えて生息する種類までいます。

## サンゴにダメージを与える五つの原因

残念なことですが、いくつかの海域では、この二〇年でハードコーラルやソフトコーラルたちが衰退しつつあります。サンゴを衰退させるのは、いくつかの原因があります。一つめはオニヒトデ、二つめは水温の上昇、三つめは工業廃水や生活排水等の垂れ流しによる汚染、それと護岸工事など公共事業による海水の透明度の低下、四つめにダイバーや釣り人による破損、最後の五つめに台風による大規模な破壊が考えられます。

まず、記憶にも新しいオニヒトデの大量発生。これは歴史的にみても一九九〇年代の大量発生が初めてではなく、過去に何度も繰り返し発生しています。その都度、オニヒトデの食害をも上回るサンゴの回復力で難を逃れてきました。ところが一九九〇年代後半から始まったオニヒトデの大量発生、それに追い打ちをかけるように地球温暖化の影響で海水温の上昇が重なり、サンゴにとって非常に厳しい状況が襲いました。オニヒトデの天敵と呼ばれる生物も少なかったなど、よい環境が整ったのでしょうか、オニヒトデの個体数が増えました。オニヒトデは一日平均一五〇平方センチメートルほどのサンゴを一匹で食べると言われています。その当時をしっかり記憶しているのですが、直径五〇センチは超えるであろう、大きなオニヒトデが所狭しと覆いかぶさってサンゴの上を埋め尽くしていました。サンゴの上にちょこんとオニヒトデが乗っているというよりも、大量のオニヒトデの下にちょこんとサンゴがあった……という表現が正しいかも知れません。まるで通勤ラッシュ時の電車の中のようにオニヒトデがひしめき合っている光景は、今でもゾッとします。

さらに今度は、サンゴにとって辛い温度である水温30℃を超える日が一ヵ月以上も続き、暑さのあまり共生している褐虫藻がサンゴの体内で死んでしまったり、サンゴから吐き出されてしまったり、見た目にサンゴが白くなってしまう「白化現象」が起こりました。前に述べたように、褐虫藻の光合成によって栄養補給をしているサンゴにとって、その栄養供給元がいなくなるということは死活問題です。体力がなくなり弱っている状態で、オニヒトデの攻撃から身を守らなければいけない。泳いで逃げられませんので、サンゴは今までにない苦しい戦いをしなければいけなかったのでしょう。その当時、駆除されたオニヒトデの数は一年間で数万匹にも及びます。この数年は戦いの舞台を石垣島に移しオニヒトデが猛威をふるっていますが、二〇一一年の年初めくらいから沖縄本島周辺や慶良間諸島海域に手のひらサイズや三〇～四〇センチ程度のオニヒトデを見かけるようになってきました。要注意です。

もうひとつ気になる生物が、巻貝の種類でレイシガイダマシの仲間（以下、レイシガイ類と表記）。これもサンゴの天敵で、二～三センチ程度の小さな貝です。ここ数年、このレイシガイ類が沖縄本島周辺や慶良間諸島の海域に大量発生していて、一回の駆除作業で多い時には数百個以上取れます。エダサンゴやハナヤサイサンゴなどの根元にくっつき、口からサンゴの硬い骨格を溶かす粘液を出し、ノコギリのような形状の歯で削るようにサンゴを食べます。手の届かない奥に潜んでいるため、ピンセット等を使い、ひとつひとつ駆除します。細かい作業です。こちらも年間で駆除された個数は数万個に及びます。

オニヒトデとレイシガイは人間から見ると悪者イメージが強いのですが、被害者のサンゴからするとそんな感情は全くありません。悲鳴も上げませんし助けも求めません。ですから広い範囲に分布しているサンゴを守るためには、オニヒトデやレイシガイを根絶することは理論的にも技術的にも、そして時間的にも無理なため、「どれだけのエリアのサンゴを守れるか」と

サンゴにはたくさんの小魚が共存しています

潮通りのよいところにはリュウキュウイソバナ

サンゴと
デバスズメダイ

ユビエダハマサンゴ
（ハマサンゴ科）

スギノキミドリイシ
（ミドリイシ科）

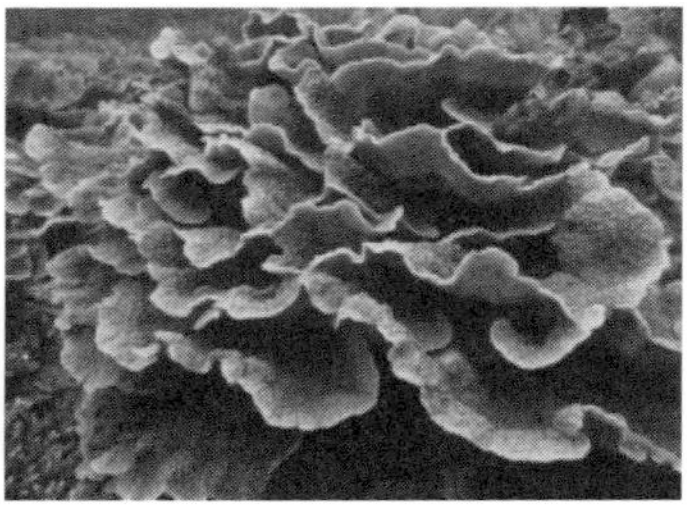

リュウキュウキッカサンゴ
（キクメイシ科）

いうことがとても大切になってきます。過去、慶良間諸島で行われてきた駆除方法でも、エリアを決めそこを集中的に守り、ついでにその他で駆除活動を行ってきました。その結果、大量発生から数年後、オニヒトデをあまり見かけなくなり、集中的に守ってきたエリアのサンゴは残りました（残念ながらサンゴが全滅してしまった場所もあります）。チービシや沖縄本島西海岸にサンゴを供給していると言われる慶良間諸島のサンゴ礁が部分的ではありますが、見事な姿で生存したわけです。生存したサンゴが毎年、無事に産卵を行い、少しずつですが、サンゴの再生が確認できるエリアが増えてきている今日です。石垣でも現在、この駆除方法が用いられ、日々絶え間ない努力が続いています。

このところ、サンゴにダメージを与える最大の要因は人災と言われています。囁かれているのは、「サンゴを本気で守るならダイバーを一切潜らせず、釣りもさせない、船も近づけなければいいんだよ」という話。ダイビングで海を利用する船が倍増したことによるアンカーリングでの被害、船の大型化により相当数のダイバーが短期間で水中に訪れたことにより、フィンキック等の直接的打撃によるサンゴへのインパクトやストレスの増大、停泊中のトイレ使用による汚水の垂れ流しなどさまざまです。

## 冬の水温の上昇で実感する地球温暖化

ここからは、沖縄の海に毎日潜っている、私たち地元ダイバーの目線も交えてお話を続けます。

現在、サンゴは世界中で見ることができますが、いくつかの要因からサンゴの分布には限界があります。まず水温です。サンゴは20℃以上で生存する種が多いと言われています。事実、地球地図を見ても赤道を中心に南北限られた範囲にしか分布していません。しかし、地球温暖化の影響で海水温が上昇し、近年ではサンゴの分布幅が広がってきています。九州方面や関西方面の海に定着するサンゴも見られるようになったのです。中には20℃を大きく下回り、低水温下でも生息するサンゴの個体もいます。熱帯魚と呼ばれる魚も、面白いことに、伊豆の海で越冬する種が出始めています。

私たちはここ数年、沖縄本島と慶良間諸島の間にあるチービシという海域で、サンゴの植え付けを継続的に行っています。一年を通して、自然に生えているサンゴや植え付けたサンゴを観察していると、面白いことが分かってきました。まず自然に生えているサンゴですが、過去一九九〇年代に水温上昇によるサンゴの白化現象が起きた時に、白化はしたが生き延びた個体のサンゴは、数年経ち、同じように高水温が続いても、今度はなかなか白化しないのです。あるサンゴの種類を一〇年以上見てきましたが、この二、三年起こる夏場の高水温の時期、一ヵ月以上続きますが、白化せずに元気に育っています。サンゴも鍛えられるのでしょうか。とても興味深い事実です。

続いて、人の手によって植え付けたサンゴですが、水槽で成育して海に植え付けた個体と、自然の海で成育して植え付けた個体の二種類があります。どちらも親株から株分けをして育てているのですが、水槽で成育した方のサンゴは植え付ける時期に気をつけないとすぐに白化したり、場合によっては生存期間がとても短くなります。自然の海で成育したサンゴは、比較的丈夫に育っていて、あまり時期を気にしなくても生存率は高いです。それから植え付けたサンゴは、24℃〜26℃くらいの水温での成長が一番速いということがわかってきました。速い個体だと一ヵ月で五センチ程度伸びます。沖縄本島は五月から六月にかけて、その水温になりますが、サンゴの産卵もこのあたりに確認されることが多いです。やはり何か関係がありそうですね。

沖縄の夏の水温はここ二〇年、大きな変化はありませんが、冬の水温に大きな変化が表れています。平均水温が2〜3℃上昇しているのです。私がダイビングを始めた二五年前、ダイビングのメッカ、砂辺（宮城）海岸は冬になると当たり前のように、水温が18℃を指したり、それを下回ったりなど冷たいのが普通でした。ところが近年、毎日確認しているわけではありませんが、水温が20℃を切ることがとても少ないと思います。ここに地球温暖化を肌で感じることができます。

続いて海水の塩分濃度です。通常は海水の塩分濃度は3・2〜3・6％程度と言われていますが、その数値を大きく外れるような場所では生息しにくいといいます。塩分濃度は測ったことがありませんが、伊豆でダイビングをされている方に、「沖縄の海の水は伊豆の海の水より塩っ辛い」と言われたことがあります。私も過去に一度、伊豆の安良里でダイビングをさせてもらったことがあるのですが、その時を思い出してみると、伊豆の海の水が薄く感じた記憶があります。本当かどうか、機会があれば皆さんも「利き酒」ならぬ「利き海」をしてみて下さい。

サンゴを衰退させる要因に台風がありました。確かに今年（二〇一一年）沖縄を襲った台風2号はすさまじい勢力で、水中の景観を一夜にして大きく変えてしまいました。あったはずの岩がなくなり、なかったはずの岩がそこに存在し、浅瀬のサンゴが跡形もなくなった場所もありました。砂がなくなり岩が露出してしまった水中や、恐ろしいことに水深が深くなったところもあります。海上保安庁が設置している波高計（波やうねりの高さを図る機械）で一〇メートルを越える波高が記録されたそうです。植え付けたサンゴが岩ごと無くなってしまうような大きな台風を経験しました。

大きい波はサンゴにとってあまり良くないのですが、全く波がないのも問題です。というのも、多少の波があることで海水中に酸素を送り込む働きをしてくれるのです。さらには、サンゴの餌になるプランクトンを浅瀬まで運んで来てくれたり、適度な波があることでサンゴにとって良いこともあるのです。慶良間諸島や沖縄本島周辺に生息するサンゴは、浅瀬にあるサンゴほど元気があります。特に水深三～四メートルにかけて分布するサンゴは、太陽の光を十分に浴び、海の恵みをたくさんもらい、すくすくと育ち始めています。

## 2　沖縄のダイビング業界の現状

### 観光収入が県総収入の約20％を占める

ダイビングの話をする前に、沖縄の近年の事情からお話することにしましょう。
二〇〇〇年ごろから始まった沖縄ブームにより、毎年一〇〇〇人以上、本土から沖縄に移り住んでいると言われています。沖縄県の島の数は大小あわせて一六〇以上、そのうち人が住む有人島は半分にも満たない五〇程度です。

平成二二年度において、沖縄県内には四一市町村あり、人口増加率が一番高かったのは北大東島の13・1％、人口増加数では豊見城市の四七八三人が最多でした。逆に人口減少率で一番高かったのは座間味村で19・4％、人口減少数が最も高かったのは宮古島市の一四六三人でした。平成二二年度の国勢調査速報では沖縄県の総人口は約一四〇万人、人口増加率は全国平均0・2％を大きく上回る2・3％です。沖縄県の業種別労働人口割合は、サービス業33・5％、卸売・小売・飲食店24・3％、建設業13・4％と上位三業種で70％以上を占めます。観光客を相手にする労働者が大多数を占めるようになりました。

昭和四七年に四四万人だった入域観光客数は平成二二年には五七一万七九〇〇人となり、うち外国人観光客は二八万二八〇〇人、特に香港、中国本土、韓国からの観光客数が過去最高を更新しました。入域観光客数の実に95%以上が日本人で、外国人観光客は５%程度です。入域観光客数が順調に増加する一方、気になるのは平均宿泊日数と観光客一人当たりの消費額。平均宿泊日数は二〇一〇年度で三・七八泊と、前年の平均宿泊日数を若干上回りましたが、消費額は年々減少してきて、二〇〇九年度には六万九五一五円と平成元年から続いていた七万円台を下回りました。このうち、娯楽に使われた金額が七四一五円と、遊びにあまり消費されていないことがわかります。月によっての入域数の差が激しいことも特徴です。しかしリピーター率は80・９%と非常に高く、観光地として比べられるハワイを上回っています。

沖縄県の観光収入は、二〇一〇年度で約四〇七一億円と、県総収入の約20%近くに上ります。国庫補助金等の収入が過半数近く、軍用地料等が10%近く占める中で、経済的な自立を目指す沖縄県にとっては観光産業がとても重要な役割を果たしていると言えます。観光収入の経済波及効果も雇用の促進につながっていて、前に述べたように、サービス業や飲食業への雇用を下支えしています。

沖縄県は観光政策を規定する最上位の計画として、平成一四年度から平成二三年度までの一〇年間、沖縄振興計画という施策を進めてきました。三年ごとの具体的な施策を策定し、情報通信産業・農林水産業・職業安定計画など一一の分野別に、「本土との格差是正」、「自立的発展の基礎条件の整備」、「我が国経済社会及び文化の発展に寄与する特色ある地域としての整備」等を柱とした計画です。観光分野においては「自立型経済の構築に向けた産業の振興」と位置付け、質の高い観光・リゾート地の形成という目標を掲げてきました。「国際的海洋性リゾートの形成」など目標を達成するための五つの項目を進め、その中で沖縄の豊かな自然を生かし、エコツーリズムを促進するために保全利用協定という制度をスタートさせました。

## 映画のヒットからブームになったダイビング

ここからダイビングの話に移りましょう。

日本に最初にダイビングが入ってきたのは一九五〇年頃で、そのころ日本を占領していたアメリカの軍人が日本国内で初めてダイビングをしたと言われています。

日本でのダイビングの普及、発展、定着にはいくつかの流れがあります。

まず一つは、一九五三年に機雷処理のために米軍がダイビングを行っていたところ、自衛隊もこの方法を取り入れ普及したそうです。二つ目は、スポーツやレジャーとしての普及、発展で、神奈川方面で外国人が行っていたダイビングを日本人が習い始めたと言われています。さらにもう一つ、一九五四年に輸入されたダイビング器材を使い、東京水産大学が潜水訓練を行ったと言われています。

このように、文献から推測するに軍事目的からの普及、レジャーからの普及、大学の実験のようなことからの普及など、いくつかの流れでダイビングが日本国内に普及、発展したと考えられます。

一九五七年には日本ダイビング協会（後に日本潜水科学協会に変更）が設立され、ダイビングの講習が始まりました。現在、ダイビングの指導、講習を行う団体は日本国内に三〇〜四〇団体あると言われています。私はその中でもＰＡＤＩという世界最大のダイビング教育機関のインストラクター資格を持っています。

全国的なダイビングのブームは一九八九年公開の映画「彼女が水着に着替えたら」のヒットからといわれています。映画の中で撮影された水中シーンは慶良間諸島座間味島のダイビングポイントです。

沖縄で、最初にダイビングが行われたのが座間味村で、その次が宮古島と言われています。沖縄でダイビングが行われた時期は、文献によると一九七二年の本土復帰以降らしいのですが、詳しいことは分かりません。文献には一九七二年の日本全国のダイビングショップリストが掲載されていますが、残念ながら沖縄のダイビングショップは載っていません。しかし、単純に考えても、沖縄でダイビングが行われ始めて四〇年近くになるということは、ダイビングショップの中で三〇年以上営業しているオーナーさんは先駆けの存在になるということですから、これはすごい功績ですね！

沖縄県には「沖縄県水上安全条例」があり、海などを利用する業者は事業所が所在する地域の警察署に営業届を出さなければ営業できません。もちろんダイビング業者もその書類を提出しなければいけません。届け出事業所の数は沖縄県全体で一二〇〇前後、届け出を出さず無許可で営業している事業所もあると言われ、全体では一五〇〇を越すと考えられています。経営形態をみても、個人経営が約七割、法人経営が三割と、零細経営が主体の業界です。営業年数を見てみると、開業して一〇年未満が50％を超え、開業して四年前後のダイビングショップがとても多いのが特徴です。

また、ダイビングインストラクターの年齢も四〇歳未満が全体の八割近くに上り、その多くが二〇代半ばから三〇代前半に集中しています。ダイビングのインストラクター業は、一八歳から行えますが、先ほどの数字を考えると、沖縄でダイビングショップを選び、ダイビングをする場合、一〇年以上沖縄でインストラクションを行っているインストラクターに会うことはとてもラッキーなのかもしれませんよ！

ショップ選びに、以上のような数字を参考にしてみるのもいいのではないでしょうか？

## ダイビングショップが抱える課題

船舶を保有しているダイビングショップは全体の約六割程度です。

従業員の雇用状況は正規雇用が七割程度、残りは期間雇用や臨時雇用などが占めています。期間雇用の場合、大抵は四月から一〇月くらいまでの半年間、それ以外の期間は自分で他の仕事を探して働いていることが多いです。臨時雇用の場合だと日雇いが多いため、日当で雇われます。期間雇用も臨時雇用も二足のわらじを履く生活なので結構、大変です。

続いて、個人事業主の比率が高いためなのか、社会保険や労働保険への未加入率が30％以上と高くなっているのも沖縄のダイビング業界の実情です。近年、ダイビングスタッフの業務中の怪我や事故が増えてきているため、未加入率を改善しなければいけません。ちなみに、潜水業務にたずさわる者は、年二回の健康診断を受けることが義務付けられています。

緊急用装備にいたっては、「ＡＥＤ」自動体外式徐細動器の未設置率が七割近くです。昨今、この「ＡＥＤ」自動体外式徐細動器で一命を取り留めたというお話をたくさん聞きますので、ダイビングショップの保有率、設置率を上げることはとても大事です。なぜなら、ＡＥＤの設置施設から離れている場所でダイビングを行うことがほとんどで、船舶に乗ってダイビングを行う場合、陸地からかなり離れたところでダイビングを楽しんでいることが多いため、事故が起きて海上保安庁に連絡を入れても、搬送のために駆けつけるヘリコプターが、現場海域に到着するのに一〇分前後かかります。「ＡＥＤがあったら助かっていたのに！」とならないためにも、ダイビングショップへの普及啓蒙が必要です。

酸素吸入器は、沖縄県水上安全条例で保有することがうたわれていますが、それでも未設置率が三割に上ります。こちらもＡＥＤと同じく、「酸素吸入器があれば助かったのに！」とならないためにも、未設置ショップの意識改革が急務です。

現在のダイビングショップの営業内容は、体験ダイビングを開催しているところが全体の96％で、ダイビング講習を行っているところが95％、ダイビングの資格保有者をガイドしているところが97％と、ほとんどのダイビングショップが営業内容の柱として、この三つのコースを開催しています。

では、お客様を集客する方法はどのようにしているかというと、一五年ほど前までは広告を出すのは紙媒体が主で、ダイビング雑誌に広告費の大半を使っていました。その他に電話帳、ラジオ、テレビ、バスの横や後ろについている看板等、年間の広告費を多く捻出していたダイビングショップがとても多い時代だったと思います。一九九〇年代後半になり、インターネットの時代になると、各ダイビングショップは、こぞってホームページにちからを入れるようになり、インターネットからの集客がほとんどというダイビングショップも多くなりました。リピーターを増やしたいというショップはホームページにちからをいれ、飛び込み客も集客したいというショップは、宿泊ホテルのフロントなどに置かれている、無料で配られるフリーペーパーなどの紙媒体に広告を出したりします。近年、大きなウエイトを占めている集客方法が口コミです。訪れたお客さまの生の感想を見聞きして選ぶ方が増えてきています。一番お金がかからず、確実にお客さまを増やす方法ですね！　この口コミで大ブレイクした食べ物や飲み物、商品ってたくさんあります！

沖縄県の入域観光客数が五〇〇万人を突破して、いよいよ六〇〇万人に手が届くところまで来ましたが、お客様が増えるとそれに伴って増えるのが、お客様からの「クレーム」と、ショップやスタッフ、従業員が抱える課題ではないでしょうか。

最近、ショップが抱える課題としては、①価格競争、②スタッフ・従業員のモラルの低下、③人材難、④環境の劣悪、⑤客数の減少、⑥経費増大、⑦宣伝効果なし、⑧顧客離れ、などと続きます。

今日まで、沖縄でダイビングされる方は年々少しずつ増加していますが、講習の年間認定数を見る限り、日本国内では、ほぼ横ばい状態が続きます。この一五年、ショップの数が増えるペースが速く、ダイバー人口に比べダイビングショップが多くなったため、一店舗あたりの客数が減少したと考えられます。ショップを維持するため、経費節減等の努力を重ね、さらに、苦肉の策として料金を下げたところ、ショップ単位の客数減少に追い打ちをかけるように、原油高騰による物価の上昇が始まりました。いろいろな材料、部品、食糧などショップの備品が値上がりし、船舶を所有するショップは燃料などの経費が増大しました。結果、経営を圧迫し始めています。ちなみに一五年前と比べ、船舶で使用される燃料費（軽油や重油）は現在三倍ほど高い値段になっています。

売り上げが下がる中、利益が得られない構造に沖縄のダイビング業界が進んでいます。当然ながら薄利多売を行うショップも増えてきました。そのようなダイビングショップは、お客様が多くいるため、見た目には儲かっているように見えますが、経営維持はとても大変だと思います。最近では、趣味の多様化によりダイビング以外にも、お金をかけるようになっていますから顧客をつなぎとめるのも大変な時代です。

二〇一一年に入って円高の影響で海外に行く方が多くなったのも、ダイビング業界だけではなく、沖縄の観光産業全体の観光客離れというマイナス要因になっているかもしれません。最近では、国際通りを歩いていてもお土産を買わない観光客の方も多いそうです。三月一一日に起きた東日本大震災を忘れてはいけません。自粛ムードが漂う中、四月・五月・六月と沖縄県に入域する観光客数にも大きな影響があったと言われています。

そうは言っても、元気があるダイビングショップもたくさんあります。強みを持っているショップ、他のショップにはない特徴のあるお店、個性のあるショップなどは元気がありますね。お客様に支持されているショップや、価格競争ではなく、いろいろなことで質の向上を目指しているショップがこの不況の中で勢いを増している気がします。お客さんも金太郎あめのように、どこを切っても同じようなショップではなく、そのショップにしかない良さ、そのショップでしか味わえない楽しみ、お金には変えられないものを求めてショップ選びを始めたのかもしれません。これだけ情報が氾濫している時代だからこそ、「記憶に残る」何かがないと、沖縄のきれいな海だけでは商売は成り立たない、ダイビングショップは残っていけないということですね。


環境の劣悪はあとでお話しするとして、もうひとつ気になる課題、それはショップやスタッフ・従業員のモラルの低下です。

平成二三年ともなると、平成生まれのスタッフ・従業員が活躍しているのは、どの業界でも同じだと思います。

ダイビング業界でも、「挨拶ができない」「上司、お客様にため口で話す」「社会人として最低限のことができない」「常識がない」といったことを聞きます。会社勤めの経験がない従業員が多いためか、アルバイト感覚で仕事を行い、簡単に転職する、そのせいか、「おはようございます」「ありがとうございます」「失礼します」「すみません」などを言わない（言えない？）スタッフ、従業員がいることも事実です。スタッフだけに、ではなくお客様に対しても言わないなど、びっくりすることもあります。電話対応ができないなどはどちらかというと普通かもしれません。携帯やパソコンで気軽に相手とメールでやり取りできる現代社会、相手の目を見て表情を読み取りながら話す機会が少なくなったことと、新聞や本をあまり読まないことにより言葉で表現することがうまくできないなど、コミュニケーション能力の低下はとても深刻です。「すごい」で全てを表現したりすることもよく聞かれます。

場に合った格好をしないのも平気ですね。公の場に出るときに短パンにTシャツ、スリッパで出席しますか？　それを恥じることもなく堂々とやってしまうのが、今のダイビング業界なのです。ですから、行政など関係機関からの眼差しは冷たいものです。もちろん、しっかり考えて行動している人も多いのですが……。一部の悪評が全体の評価を変えてしまっているのかもしれません。

びっくりする話ですが、二ヵ月ほど試用期間で働いていたスタッフがある日、「二、三日連続で休みがもらいたい」と言い、休ませたところ、さらに、数日休みが欲しいと連絡があったそうです。オーナーは休む理由を聞かされていたので、快く承諾をしたところ、どういうわけか急に連絡が取れなくなりました。ところが音信不通が一ヵ月続いたある日、何事もなかったかのようにオーナーのいない時間を見計らってショップに訪れ、置いてあった自分のダイビング器材を取り、ショップの制服を置き、挨拶もないまま去って行ったそうです。さらに驚くのがそのあとです。なんと、近所のダイビングショップに勤めていたのです。これが当たり前なのですかね？　こういうダイビングインストラクターは特殊な例かもしれませんが、びっくりした話でした。

スタッフ・従業員が抱える課題について、沖縄県がまとめた資料「沖縄県ダイビング業界実態把握調査報告書」から考えてみます。

①安売り。これはショップが抱える課題をスタッフ・従業員も同じように問題視しています。

②環境の悪化。沖縄で活動を始めて数年のスタッフからこういう意見が出てくるということは、沖縄の海の状況の悪さが加速しているのかもしれません。

③モラルの低下。これは自分たちのことを指しているのか、所属ショップ、オーナーのことを指しているのかわかりませんが、確かにスタッフ目線で見ても利益優先で、講習などで内容を省いて行う指示を出したり、ダイビングインストラクターになったばかりの経験もないスタッフを一週間程度、場合によっては一、二回程度、先輩インストラクターが一緒に行動しただけで、お客様を数名連れて一人で現場に出しているショップやオーナーの話を聞きます。ダイビングシーズンに入り、猫の手も借りたい時期だからこそ、しっかりトレーニングを積んだスタッフを現場に出さなくてはいけないのではないでしょうか？　人の命を預かる仕事だからこそ、妥協してはいけないものってあるはずです。

危機意識に関してはこの後お話ししますが、客数減少が課題意識としてスタッフ・従業員にもあるようです。独立志向の高いスタッフ・従業員ほど、減少している状況を、自分自身がダイビングショップを開業した時に置き換えて考えているのかもしれません。

レジャーとしてのダイビングが皆さんに親しまれるようになると、やはり気になるのがダイビング事故ですね。「沖縄県水上安全条例」ができた背景には、年々増えてきた海遊びでの死亡事故を減らそうという試みがありました。事実、「沖縄県水上安全条例」が施行された年の海遊びでの死亡者数は前年に比べ減少しました。近年まで、海での死亡事故者数は若干ですが減少傾向にありました。ところが数年前から一転して増加に転じ、過去最悪の死者数に迫っています。最近の死亡事故者数の内容を見てみると、年配の方が急増しています。しかも心筋梗塞や脳梗塞など、本人も気づかない原因でダイビング中、あるいはダイビング後に亡くなられる事例が増えています。

ダイビングで発生した事故の原因はいろいろありますが、ショップやスタッフ・従業員の認識では、以下のような結果が出ています。

まずショップ側が考える事故原因としては、「担当インストラクターの意識や引率能力の低下」が一番目に挙げられています。先ほど述べたように、経験の浅いインストラクターが現場で活動する現状を考えると、当然かもしれません。次に、「インストラクターが自分自身の安全管理もできないから」という意見が出てきました。最短だとダイビングを始めてから六ヵ月、一〇〇回前後のダイビング経験でインストラクターとして認定を受けます。車の免許証をもらったばかりの運転手と一緒です。免許取り立てのころを思い出してみると、信号を見るのに必死、止まるのに必死、車線変更をするのに必死だったのを思い出します。そう考えると、インストラクターに成り立てのスタッフは、まさしく全てにおいて必死でしょうね。ちなみに、本土から沖縄に来た「ナイチャー」スタッフは、「沖縄に来て、初めて車の運転をした。しかも九人乗りワンボックスのような大きな車なんて……」という人が結構多いのも事実です。

次に挙げられたのが「プロ意識の低下」という意見です。確かに一昔前まではダイビングインストラクターは職人気質が強く、強烈な個性を持った人が多かったように感じます。私にダイビングを教えてくれたインストラクターも非常に個性が強い人でしたから。ところが最近の傾向としては、「趣味の延長でダイビングのインストラクターになってみた」とか「インストラクターにはなったけど、インストラクションをする気はない」という話をよく聞きます。ほとんどは、自分がダイビングを続けていくなかで「極めてみたい」という思いからインストラクターまでステップアップしたと推測できます。

ここで問題なのはダイビング業界で働くスタッフ・従業員の「プロ意識」。ダイビングに潜在する危険性や自分自身を常に磨かないといけない重要性、知識や技術を常に向上させないといけない必要性を分からないまま、教えてもらえないまま毎日の忙しい業務に追われ、気が付いたら数年経ち、いつの間にかベテランインストラクターと呼ばれるようになってします。振り返った時には誰にも恥ずかしくて聞けない、自分の中で知識や技術の空洞化が起こってしまうが、そんな不完全な知識や技術レベルでも「これでも何とかなるさ」と妥協してしまう。本人が気づいていて妥協しているのであればどこかで取り返せるはずですが、そうでなければ大変なことです。必要なもの、重要なものが欠けたまま、当たり前のように今度は、後輩を育てますので、育てられた後輩スタッフはさらに欠けた知識で活動してしまう。ダメなら転職すればいい……。どんな職業にも必要な「その道のプロとして極める、上を目指す」という意識がないとこういう結果を導くのでしょうか。私はこの悪い流れをコピーを例に説明しています。皆さんも経験がありませんか？　コピーした紙をさらにコピーする、これを繰り返しているとだんだん文字がぼやけて見にくくなってしまいます。

ダイビング業界が、どの方向にもしっかり胸を張って物申せるようになるには、オーナーも含め、一人ひとりが、人として社会人として、人の命を預かる者として意識改革を行わないと、いつまでたっても地位は確立されませんし、地位の向上は難しいでしょうね。

## 観光客の大幅増にどう対応するか

さて、入域観光客数一〇〇〇万人を目指す沖縄県では、那覇空港の滑走路を増やす計画が現実味を帯びてきました。ボーリング調査など、那覇空港周辺では工事着工に向けての調査が開始されています。工事はできる限り、周辺の自然環境、空港周辺海域には影響の少ない方法を考えてもらいたいものです。でも、どういう方法で工事が進むにしても、滑走路が一本増えることで、那覇空港周辺のきれいな海が確実に無くなってしまうかもしれませんが……。

今年から、沖縄に一泊以上すると三年間有効の個人ビザが中国の方に発給されることになりました。去年の同時期に比べ一〇倍以上の申請があるそうです。そのせいか、那覇市内のいたるところで中国人観光客を見ることができます。例えば国際通りでは、すれ違うまで日本人に見えますが、聞こえてくる言葉は全く別物。沖縄では最大手のスーパーサンエーではなんと、地元沖縄の食材や日用品をお土産に購入するそうで、四〇代、五〇代の富裕層だけではなく、二〇代の若者たちも非常に多く来沖しています。

県内のホテルでは中国語の案内表示をしたり、中国語を話せる人を積極的に採用したり、中にには中国人と日本人が使う大浴場を別々にしているところもあるそうです。

中国や台湾からのクルーズ船も運行再開され、那覇市若狭にある泊大橋のそばには大型クルーズ船が停泊できる桟橋も整備されました。その桟橋付近と那覇空港を水中でつなげた自動車専用道路も開通しました。無料で通行できるのですが、今まで那覇空港まで二〇分前後かかってお客さまを迎えに行っていたのが、なんと一〇分前後に短縮！　ますます空港周辺と港周辺が便利になってきました。

では、ダイビングショップの対応は？　外国人観光客を受け入れる体制を取っているショップは、準備中も含めまだ50％に達していません。「英語なら大丈夫」というショップは多いのですが、中国語となるとまだまだこれからのようです。スノーケルやダイビングを楽しまれる中国人観光客は増えてきていますので、これからの沖縄のダイビングインストラクターやスタッフには「うちなーぐちー」と「中国語」と日本語の三ヵ国語？　が必要ですね！

ここで、沖縄のダイビング客の客層を見てみます。

年齢別で見てみると、従来から主流と言われていた二〇代は減少して、三〇代が30％前後と主流を占めています。続いて四〇代が25％前後、五〇代以上で23％程度、二〇代は18％前後となっています。映画「彼女が水着に着替えたら」のヒットをきっかけに沖縄でのダイビングブームが起こり、その頃ダイビングを始めた人たちの年齢層が一〇代後半から二〇代前半の方たちが非常に多かったのを記憶しています。その方たちが今でもダイビングを続けていると仮定すれば三〇代、四〇代が多いのもうなずけます。近年、不況により多くの企業が早期退職を促した結果、団塊の世代の方たちの中には時間とお金の余裕ができたという話を聞きました。子育ても終わり、「夫婦二人で共通の趣味を」とダイビングを始められる方たちがこの何年かでとても増えたと感じます。私と潜るお客様も五〇代以上が占める割合が非常に高くなっています。

## 健康管理せずしてダイビングはできない

ダイビングをする年齢層が高くなり、前述の事故原因を考えると、やはり日頃の健康管理も気になります。

身近な問題、喫煙について考えます。

二〇〇三年に施行された健康増進法第二五条において「事務所、飲食店その他多数の者が利用する施設を管理する者は、これを利用する者について、受動喫煙を防止するために必要な措置を講ずるよう努めなければならない（一部省略）」とされています。受動喫煙による健康への悪影響については、流涙、鼻閉、頭痛等の諸症状や呼吸抑制、心拍増加、血管収縮等生理学的反応等に関する知見が示されるとともに、慢性影響として、肺がんや循環器疾患等のリスクの上昇を示す疫学的研究があり、ＩＡＲＣ（国際がん研究機関）は証拠の強さによる発がん性分類において、たばこを、グループ１（グループ１～４のうち、グループ１は最も強い）と分類しています。これは沖縄県が発行しているダイビング安全対策マニュアルからの抜粋ですが、ダイビング事業者としては、水中という特殊な環境の中で仕事に従事するので、この内容を踏まえ、喫煙に対しては十分な対処を推進しなくてはいけません。

例えば、エントリー前（潜水を始める直前）やエキジット後（潜水を終えた直後）などの喫煙を控える。もちろん、お客さまにも控えてもらうのが理想です。

沖縄県内の喫煙率は全国平均よりも高く、禁煙や分煙は本土に比べて徹底されていないのが現状です。ダイビングスタッフの中にも喫煙する人も多く、喫煙リスクに対する意識の低さは明確です。私は禁煙した一人ですが、禁煙する男性スタッフが増え、最近は女性スタッフの喫煙率が高いように感じます。潜水という高水圧下で高圧空気を呼吸する特殊な状況では、喫煙による肺組織破綻を原因とする「動脈ガス塞栓」や「緊張性気胸」等の危険性が高いという医学的事実があまり認識されていません。全国的な分煙、禁煙志向の高まりがある今日、沖縄のダイビング業界でもレジャーとはいえ分煙・禁煙の必要性を周知徹底していくことが求められますね。

次に労働時間を考えます。

沖縄で営業しているダイビングショップで定休日があるところはあまり聞いたことがありません。基本的には臨時休業があっても年中無休で営業しているショップがほとんどだと思います。ショップの営業時間はまちまちですが、シーズン中（四〜一〇月くらい）ですと大体、朝八時から夜八時くらい、営業時間外は電話を転送して受け付けを行っているショップもあります。お客さまの予約が入っている場合は、当日の朝に荷物の積み込みや船の出港の準備等がありますから、スタッフは朝六時から七時くらいには出勤して準備を始めます。海の仕事が終わりお客さまをホテルに送り、一息つくのが夕方六時から七時ころ、そこから翌日のお客さまの器材の準備やお弁当の手配、直前の予約の準備やその日の後片付け、器材のメンテナンスや足りないものがあった場合の手配など、夜一一時を回ることも珍しくありません。

そういう勤務時間でも、スタッフが多いショップは週休がしっかりしていますが、スタッフが少ないショップはシーズン中の月の休みが、二日や三日しか取れないところが多いと思います。漁師さんと一緒で、稼げるときに稼がないと、台風が来れば売り上げがたたない、シーズンが終わればお客さんが来なくなる、アリとキリギリスのお話のようです。シーズン中の休みがなかなか取れないということで、シーズン以外の時期に長期休暇を取らせているショップも多いようです。長い場合だと一ヵ月程度、冬の間に心と体のリフレッシュを行います。

皆さんも心と体のリフレッシュのため、ダイビングをされる方も多いと思いますが、当日の体調チェックなど行っていますか？

現在、ダイビングを行う際、身体等に過去、何らかの不調があった場合にはお医者さまからの診断書が必要になります。時として長年営業しているショップやベテランダイバーさんはこのようなことに目をつむり、場合によっては内緒でダイビングをしていることがあるという話を耳にします。楽しいはずのダイビングが事故で一転、悔やみきれない一日になってしまった話も実際にあります。自分でも気がつかない体調の変化は誰にでもあること！　無理をせずダイビングを控えることはとても大切なことです。ダイビング行う当日の朝に以下の項目をチェックしてみて下さい。お役に立つかもしれません。

①熱はないか、②過労、または身体のだるさはないか、③昨夜の睡眠は十分か、④食欲はあるか、⑤過去一二時間以内に飲食された方は飲酒による体調不良はないか、⑥下痢もしくは脱水症状はないか、⑦身体のどこかに痛みはないか、⑧手足のしびれはないか、⑨めまいはないか、⑩耳、鼻、副鼻腔に閉塞感はないか、⑪前回のダイビングの疲れは残っていないか、⑫ダイビングをする意欲は十分にあるか

以上の一二項目のうち、ダイビング当日に一つでも当てはまるようでしたら控えることをお勧めしますよ！

Cカード（ダイビングの認定証）をお持ちの方で、初めて利用するダイビングショップに行ったときに、そのカードの提示を求められたことがないという方はいませんか？　全てのダイビング指導団体が行っていることではありませんが、ＰＡＤＩというダイビング指導団体では、初めてのお客さまの場合、Ｃカードの提示をショップ側に指導しています。ダイビングをする上で、その方のダイビングの経験などの証明証になりますので、ショップ側が確認することは、

当たり前といえば当たり前なのですが、その確認作業を行わないショップが存在します。確認を忘れているのか、あえて確認しないのかはわかりませんが、現在、ダイビング事故を取り扱う大手保険会社は書類だけではなく、事前の確認などをショップ側が行ったかどうかも重要視しています。どんなことでもそうですが、何もなければできるだけ省ける作業や、省けるものはそうしたい、でもひとたび事故などが起こってしまうと、書類の確認や事前の行動、言葉のやり取りなど詳細に確認されていきます。

例えば、ダイビングの最初の講習で発行されるランクでは、一般的に水深一八メートルくらいまでの深度の潜水を推奨しています。事前にＣカードを確認しているインストラクターがそのランクのダイバーを水深一八メートルよりも深く連れて行き、何らかのトラブルで事故が起きてしまった場合、インストラクターの責任が大きくなると考えられます。

あるいは、事前に一八メートルより深く潜ることを知っていて、それに対し拒否することもなく、付いていったダイバーに事故が起こしてしまった場合、インストラクターだけではなく、ダイバーの責任も問われてしまう可能性が考えられます。私は弁護士や検察官ではありませんのではっきりとした答えは出せませんが、少なくてもショップ側やダイビングインストラクターは引率するお客さまの体調の確認、トレーニング内容の確認、Ｃカードの確認等を行い、所定の書類をお客さま自身に読んで頂いたあと、そこにサインをもらわなくてはいけません。もちろん、お客さまがいつでも拒否できる状況で行います。事故が起きてしまうとどうしても保険が関係してきます。

過去には、書類の不備で保険が減額されたとか、保険が適用されるまで何年もかかってしまったなど、たくさんの話を聞きます。よく「ダイビング指導団体○○の保険は出ない」と耳にしますが、これは事実と少し異なっています。書類の不備で事故の事実関係をしっかり調べるのに時間がかかったため、保険金が支払われるまでに日数がかかっただけです。

我々も皆さんも、いつ当事者になるかわかりません。ダイビングやスノーケリングコースをショップに申し込むと、コースに参加する前に参加者自身が読んでサインをする「危険の告知書（免責同意書ともいう）」にしっかり目を通し、提示するカードを忘れずに、そういう確認作業を行っているショップを利用すれば万が一何かあっても安心かも。もちろん、何もなく安全で楽しいダイビングができることが一番ですが。余談ですが、ダイビング中にお客さまを連れていて「ヒヤリとしたり、ハッとした怖い体験」をしたことがある沖縄のダイビングインストラクターは90％を超えています。ですから安全に対する心構えを忘れずにいたいですね。

## 沖縄に来るダイバーはリピーターが多い

沖縄に来られるダイバーについてみていきましょう。

沖縄に潜りに来ているダイバーはダイビング経験年数が五年未満の方が50％を超えます。一〇年未満まで広げると全体の80％近くの割合を占めます。このことから、ダイビングを始めたばかりの人は、いきなり海外にダイビングに行くのではなく、言葉の心配がない（？）沖縄でのダイビングを楽しんでいる傾向が強いのではないでしょうか？　それと、この時代、なかなか長期休暇が取れないということと、治安が悪くなっているということで海外旅行を控えてるのかも。純粋に沖縄が好きでお越しの方も多いと思いますが。

ダイビングの経験回数を見ていくと、五〇回未満が圧倒的に多く、一〇〇回未満を合わせると過半数を占めます。ダイバーが沖縄に来た回数を見てみると、年に三回の来沖が約30％、年に五回以上の来沖者も約30％、つまり年間に三回以上、来沖する方が約60％を占めていることから、沖縄の風土、海や自然等に魅せられて来ている方が多いと推測します。

来沖時期は、夏がダントツで多いと思いきや、通年を通して来られているダイバーが非常に多いです。夏と冬の二シーズン制のような沖縄の季節ですが、沖縄生まれの私は、春も感じますし、秋も感じます。そういった春夏秋冬を感じながらダイビングを楽しみに来ているダイバーの方が多いんですね！

沖縄での滞在日数は、三日から四日が多いようです。ダイバーの約70％を占めていますが、沖縄全体での観光客の平均宿泊日数が三・七日程度ですから、ダイバーも同じくらいの滞在日数ですね。

ショップ選びの優先度は、「お店の雰囲気やスタッフ・従業員の雰囲気を重視している」がトップです。年配の方からショップを選ぶ際に、「そのお店のホームページからスタッフの写真をみて、茶髪のスタッフがいないところを選んだ」という笑い話を聞いたことがあります。確かに普通に考えると敬遠（？）したくなりますが、茶髪はある意味、職業病かも！

ここまで沖縄のダイビング業界について、資料を参考に私なりの見解を加え話してきました。

抱えている大きな課題としては「インストラクター・スタッフ・従業員の質の低下」と「環境の悪化」が沖縄のダイビング業界に大きくのしかかっているような気がします。

## 慶良間諸島を利用する沖縄本島のダイビングショップが引き起こす問題

二〇一一年八月末現在、沖縄県全体でＰＡＤＩというダイビング指導団体と店舗契約を交わしているショップは、東京都のショップの数を上回る八八店舗に上ります。その中で、沖縄本島南部（宜野湾より南）に所在するショップは三〇店舗です。契約を交わさずに（ルール上問題はありません）営業を行っているショップもありますし、いろいろなダイビング指導団体に所属する店舗もありますので、沖縄本島南部だけでダイビングショップは一〇〇店舗以上あると考えられます。沖縄本島全域では三〇〇店舗あるいは三五〇店舗以上あるとも言われていて、お恥ずかしい話ですが、確かな店舗数を確認する方法がありません。営業するには、県への届け出が必要だということはすでにお話ししましたが、無届けで営業している、あるいは廃業しているにも関わらず、廃業届を出していないなど、実態が確認できないショップが存在するからです。

現在、「慶良間諸島でダイビングをする」コースを開催しているショップは、沖縄本島に一〇〇前後はあると考えられます。

船舶を所有している割合は50％程度だと思いますが、沖縄本島には他ショップ所有の船舶に便乗する、乗り合いシステムが存在します。乗り合いシステムを目的に営業している船舶も存在します。「お客様一名に付きいくら」、とか「何名乗っても一日チャーターでいくら」というように、各船舶で乗船料金が設定されていますので、料金を支払えば船舶を所有していなくても、慶良間諸島を利用するコースを提供することが可能になっています。この乗り合いは、他の地域ではあまり聞かれないシステムらしいです。

この二〇年で、ダイビングのお客さまを乗せる船舶は倍以上に増え、沖縄本島から慶良間に向かう船舶は、現在三〇隻以上はあると思います。大型化も進み、今まで一五名前後だった乗船定員も今は三〇名以上と倍増、船の走るスピードも速くなり、昔は一時間半以上かけて訪れていた慶良間諸島が、今は一時間弱で到着します。沖縄本島ショップを利用して慶良間を訪れるお客さまは、とても快適な船旅を満喫できるようになったのではないでしょうか？

これだけ慶良間諸島に訪れる船舶が大型化しダイバーが増えると、現場海域ではさまざまな問題が発生します。まず、船舶が停泊のためアンカーリングを行い、サンゴを痛めてしまう可能性が高くなります。今はほとんどの船舶でスタッフがダイビング器材を背負い、人の手でアンカーを水中にひっかけていますが、少し前までアンカーを投げ込んでいる時代もありました。今はサンゴをアンカーで痛めてしまうことは少なくなりましたが、船舶が大きくなった（＝重くなった）ことで、アンカーをひっかけた岩が船舶の大きさに耐えられず岩ごとひっくり返ってしまう事態が起こるようになりました。アンカーをひっかける場所は十分気をつけているのですが、それでもダメージを与えてしまいます。

慶良間諸島周辺のダイビングポイント（ダイビングを行う場所）では、地元（ここでの地元は慶良間諸島内で営業しているショップ）の船舶用に、大きなブロックを沈め、そのブロックに停泊用のロープを設置、そのロープを船舶に結びつけて水中へのダメージを減らす方法がとられています。しかし、船舶の数に対して停泊用のロープが非常に少なく、ダイビングで利用される全てのポイントに設置されていないのが現状です。このブロックを沈め、ロープを設置するには、設置する海域を管理する各村の役場や漁業組合の承認を必要とし、さらに県の許可が必要になります。現在、慶良間諸島周辺にある、こういった設置物は私たち沖縄本島から行く船舶は基本的に使用することができませんので、ダイバーの手で、アンカーをひっかける方法を行います。ひどい方法でアンカーをひっかける船舶もあります。例えば、ダイバーが潜って船首からのアンカーをひっかけてきたら、安定させるために船舶のギアをバックに入れたまま、他のアンカーをひっかけています。船舶を気にいった方向で固定したい気持ちはよくわかりますが、これではアンカーをひっかけた岩が船舶のエンジンのちからに負けてひっくり返ってしまいます。この方法で、潜っていたダイバーが大けがした事故も発生しています。サンゴを守るためにも事故をなくすためにも、ダイビングで利用する全てのポイントにロープを設置できればとてもいいのですが……。

サンゴにダメージを与える一つに、ダイバーによる直接的なダメージがあります。経験回数が少ないダイバーなどは、フィンキックで水底の砂を巻き上げてしまい、その砂がサンゴにかかってしまったり、フィンキックでサンゴを折ってしまったり。慌てた拍子にサンゴをつかまえて折ってしまったりなど、岩をひっくり返すような大きなダメージではありませんが、確実にサンゴに傷を負わせてしまいます。

ダイバーひとりひとりの心がけや、ダイビング技術の向上を図らないと、地球温暖化や、オニヒトデなどの影響ではなく、私たち人間が直接サンゴを死滅させてしまう、一番の原因になってしまいます。

増えた問題の一つに、船長やスタッフのスキルの低下があります。ここでいうスキルの低下は、操船方法や水中で他のダイビンググループと遭遇した時の対応などのスキルの低下のことを指します。

操船する船長からお話しします。

ダイビングポイントには、船舶が止まっている可能性があります。もちろん船舶が止まっているか、そうでないかは、誰でも見てわかりますが、ひどい船長は止まっている船舶の隙間に無理やり停泊したり（海は広いし、周りには他にいくつもダイビングポイントはあります）、船舶の走行スピードを落とさずに近くを通過したりします。スピードを落とさずに通過することで、停泊中の船舶が大揺れして、乗っていたお客さまが転んでけがをした、ということも耳にしました。私の場合は、停泊中に近くを通過され、ランチの時に出す味噌汁の鍋をひっくり返してしまい、お客さまに味噌汁を提供できないこともありました。

そしてスタッフです。

一五年ほど前までは、沖縄本島のダイビング業界も縦のつながりと横のつながりが、ある程度しっかりしていて、比較的体育会系のよい意味でのパワーバランスがありました。わからないことは先輩インストラクター（同じショップ内の先輩だけではなく、ちがうショップのオーナーさんなど）に聞いたり、まわりのショップにいる仲のよいスタッフに聞いたりと、常に情報交換するようにしていました。わからないことは貪欲に聞き、水中でのマナーやアンカーのひっかけ方までたくさんのことを教わった気がします。もちろんその当時、怖い先輩はたくさんいましたのでドキドキしながら教わっていました。

ところが最近、様子が変わってきているのです。昔の上下関係が薄れ、何もわからない、教わっていない状態（大げさかもしれませんが……）でお客さまを連れていたりします。そのスタッフの名前など、スタッフが誰かわからないので、その場で声をかけなければ、どこのショップで誰なのか、見当もつかなくなります。

あるダイビングポイントでのできごとです。水中で見せ場があるところで先に到着し、連れているお客さまに楽しんでもらっていました。ところが真っすぐこちらに向かってくるグループが、私たちがその場を離れるのを待とうともせず、どかすように割り込んできたのです。これには私も驚き、その場で注意しようと思ったのですが、お互いにお客さまを連れていたので、仕事が落ち着く夕方にでも連絡しようと自分の船舶に戻りました。水中でマスク越しに初めて見る顔だったので、船舶に戻れば、どの船舶を利用するショップのスタッフかわかると思い、名前も聞かずに水中ですれ違いました。船舶に戻ってびっくり！　一〇隻以上も船舶が停泊していて、どこの誰だかわかる状況ではないのです。

もっとひどい例として、注意したら逆ギレされた例もあるようです。車が左車線を走るように、海の中にもダイビングをする上で少なからずルールが存在します。もちろん海の上にもあります。そのルールを無視し、あるいは自分の解釈でルールを変えてしまい、我が物顔で使用する。ショップやスタッフの間でトラブルが起こらないはずがありません。

もうひとつ、残念なのが沖縄のことを何も知らないというスタッフがいること。ハワイが好きで、ご夫婦でグリーンカードを取得し移り住んだダイビングインストラクターを知っているのですが、この人たちがとても素晴らしい！　何が素晴らしいかって、本当にハワイが好きで、当たり前の観光名所だけではなく、ローカルネタなど隅々まで網羅しているってことがすごいのです！　だから話を聞いていても、ダイビングの仕事をしたくてハワイに移り住んだ、ではなくハワイが好きで移り住んだ、という気持ちがとても強く伝わってきました。実際にハワイに行ってその人とダイビングをすると、海の話はもちろんですが、それ以上に陸の話や島の話、歴史などを話してくれます。海のガイドさんというよりも、陸のガイドさん、いやいや、ハワイのガイドさんという表現が適切なのかもしれません。

沖縄が好きで沖縄の海が大好きで、そこで仕事をするのであれば、やはり少しでも沖縄の素晴らしいところ、沖縄のよいところ、自分たちが好きな沖縄を勉強して、大好きな沖縄をお客さまに知ってもらう努力をしないといけないと思います。

## 3　環境保護活動の始まり

### 水中清掃から始める

二〇〇〇年、現在の美ら海振興会理事の當間祐介氏、山田幸村氏、私の三名と、活動の趣旨に賛同してくれた数人が中核となって環境保護活動を始めました。

場所は南城市にある奥武島《おうじま》というところです。この島の面積は〇・二三平方キロメートル、人口は一〇〇〇人ほどの小さな島です。南城市役所（旧玉城村役場）から約二キロ南にあり、同市の最南部に位置しています。本島側の国道三三一号線から島全体を眺めることができ、島内からは南部戦跡や知念半島が見えます。沖縄本島とは橋で結ばれていて、島の周囲は約一・七キロで、一九九〇年代初めに一周道路が完成し、ドライブコースにもなっています。島は小高い丘になっていて、島内の道は迷路のように入り組んでいます。島の西側はダイビングを行う場所にもなっています。

日頃からここは那覇近郊のダイビングショップが、ダイビング講習などで利用するポイントのひとつで、消防署の救急隊員がトレーニングを行ったり、地元の家族連れがバーベキューなど、海遊びを楽しむスポットとしても知られています。

多くの人が集まるので、当然のことながら年中そこには、さまざまなゴミが捨てられています。私たちは活動の手始めに、日ごろ頻繁に利用させてもらっている、この奥武島の海岸清掃を行うことにしました。ちょうど清掃活動時は、台風が直撃した直後で、奥武島周辺のビーチや桟橋の付近には、通常のゴミに加え、台風によって転がって来たと思われる大きな岩やゴミが一面に散乱していました。初めての活動に、一声かけて集まったスタッフたちは約二〇人、参加してくれたダイビングショップの数は一五前後だったと思います。三〇人前後で三時間ほどかけて海岸清掃を行い、海岸付近のゴミをきれいに集めることができました。最初の清掃活動としては、とてもよい成果だったと思います。海をきれいにしたいという志や、意識が高いメンバー達との協同活動ですから、充実感がとてもありました。それに、私たちの活動を周りで見ている同業者にはいい刺激になったみたいです。良い船出になる素晴らしい清掃活動になりました。こうした清掃活動は、日ごろよく利用している海岸近辺のほか、私たちが所有する船舶を停泊している港の陸上でも行っています。

また、私たちが利用する沖縄本島周辺のダイビングポイントの水中清掃も行います。ダイビング器材を背負い、水中へ潜って行う活動のことです。具体的には沖縄本島周辺から慶良間諸島周辺のダイビングポイントが主な水中清掃エリアです。ダイビングポイントは、磯釣りの名所ポイントとして釣り人にも利用されている場所が結構多いですね。こういったところでは、

手ではにはこべない
量のゴミが一面に
……

ナイフなどを使い
釣り糸を切り回収

サンゴにからまった釣り糸

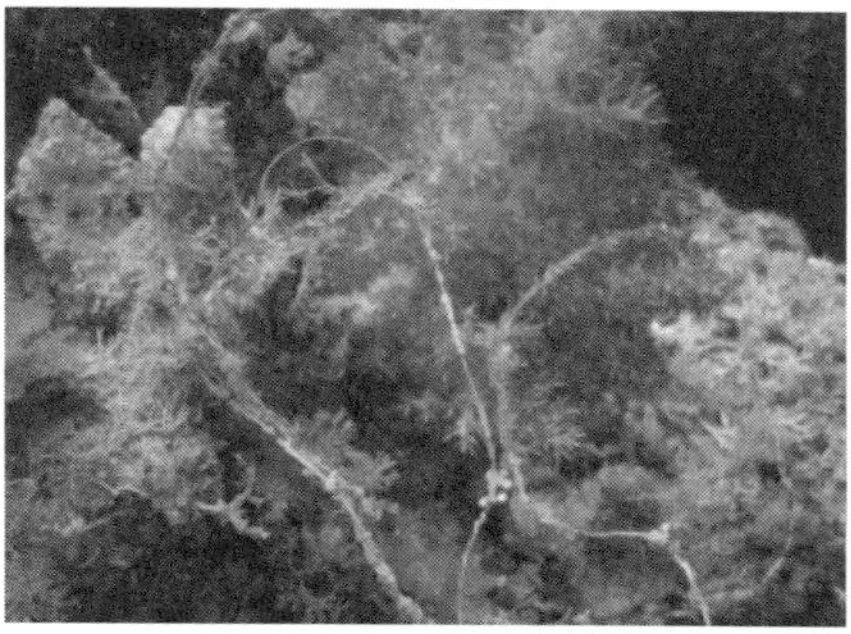

釣り糸がからまり
死んだサンゴ

釣り糸の回収

レイシガイ

釣り糸や釣り用のおもり、釣り竿やペットボトルなどさまざまなものが捨てられています。

磯釣りをした経験のある人はお分かりだと思いますが、何回かは釣り針が根がかりをします。特に沖縄の海はサンゴや岩場が多いので、本土の釣り場と比べて根がかりの回数も多いのではないでしょうか？　釣り針が根がかりしてしまうと、ぐいっと力づくで釣り竿を引っ張り、釣り糸を切ってしまう場合がほとんどです。釣りをしている時の何気ない行為が繰り返されることで、海の中で大変なことが起きてしまうのです。

大変なこととはなんでしょうか。

実際ダイビング中に、釣り糸がサンゴに絡まっていたり、落ちた釣り竿がサンゴに乗っかってしまっているのをとても多く見るのです。前にもお話ししたように、サンゴにはポリプがあります。そして多数の触手が並んでいて、触手はほかのサンゴを攻撃したり、餌となる動物プランクトンを捕えるために活動します。しかし、サンゴに釣り糸などが引っかかってしまうと、本来のサンゴの活動が妨害されてしまい、釣り糸が絡まってしまった場所が死滅したり、ひどい場合はそのサンゴ全体が死滅することもあります。でも、中には生命力が強いものもあり、この釣り糸を飲み込むように成長を続けるサンゴもいます。

現在、一般的に使われている釣り糸は、水中で自然分解されないものが多く、六〇〇年近く経過しても分解されないまま水中に存在するものがほとんどだそうです。ゴミが六〇〇年間も放置されることを想像しただけでも恐ろしいですね。自然界の微生物によって、水と二酸化炭素に分解される特殊なプラスチックでできた溶ける釣り糸も既に開発されています。水温などの条件にもよるそうですが、大体五年ほどで完全に分解するそうです。これは釣具メーカー「グローブライド」が開発した釣り糸です。沖縄で釣りを楽しむ人たちもこうした釣り糸を、使用して頂けると嬉しいのですが。

私たちは、サンゴに絡まった釣り糸を一つ一つ丁寧に取り除きます。一回の水中清掃で回収する釣り糸の長さは、驚くことに二キロメートルを超えることもあります。しかし、名所といわれる釣り場に釣り人が絶えることはありません。せっかくキレイに取り除いても、一ヵ月もしないうちに、また元の状態に逆戻りしてしまいます。本当にイタチごっこであり、時折、虚しさを感じることもあります。

釣りを楽しむ人に是非お願いしたいことがあります。それは、先ほどお話しした、自然分解され、溶ける釣り糸を使用して頂きたいということです。

このほか、水中駆除作業という活動も行っています。

これは、沖縄本島や慶良間諸島で増えてきているレイシ貝の仲間やオニヒトデの駆除が主な駆除活動となっています。レイシ貝等は、大きさが二〜三センチ程度と非常に小さく、サンゴの陰に隠れて見つけにくく、ピンセットで回収するなど、駆除作業には手間と時間と集中力が必要とされます。オニヒトデは、全身が毒を持ったトゲに覆われている大型のヒトデ類です。大きなものは直径五〇センチ以上もあります。

## サンゴの植え付け活動

現在、私たちＮＰＯ法人美ら海振興会の中心事業となっている、サンゴの植え付け活動は、陸上や水中の清掃活動を始めたころからほぼ同時進行で行っていました。最初に植え付けた場所は、慶良間諸島に属するチービシ（慶伊瀬島）という三つの無人島からなるエリアで、神山島という島の南側のダイビングポイントです。そこはダイビングポイントとしてもポピュラーな場所だったことと、サンゴを植え付けた後のモニタリングのしやすさから、美ら海振興会が行うサンゴの植え付け場所に選びました。

サンゴの植え付け事業を行うようになったそもそものきっかけは、水中清掃活動中に、人為的に折られた痛々しいサンゴを見かけ、「何とか元の元気な状態に戻す方法はないか？」と考え、折れてしまったサンゴをみるたびにその想いは強くなり、「具体的にサンゴを増やす方法はないか？」と、現実的な方法を考え始めるようになったからです。

最初は、植え付け場所の選定や植え付け時期など、具体的なデータや参考になる資料が何もない状態で植え付け活動をスタートしました。ダイビングインストラクターとしての長年の経験からの勘に頼る部分がとても大きかったのです。試行錯誤を繰り返しながら、一五人前後のメンバーでサンゴの植え付けを一年中行ってみました。モニタリングやメンテナンスの方法なども全く分からず、独自で研究も行いました。

ほとんどが初めてのことであり、成功したり、失敗したりの繰り返しでしたが、その失敗のおかげで、現在では、美ら海振興会で年間平均一二〇〇株のサンゴの植え付けを行い、累計実

地元の専門学校生もサンゴの植え付け活動に参加

水中ボンドでしっかり固定

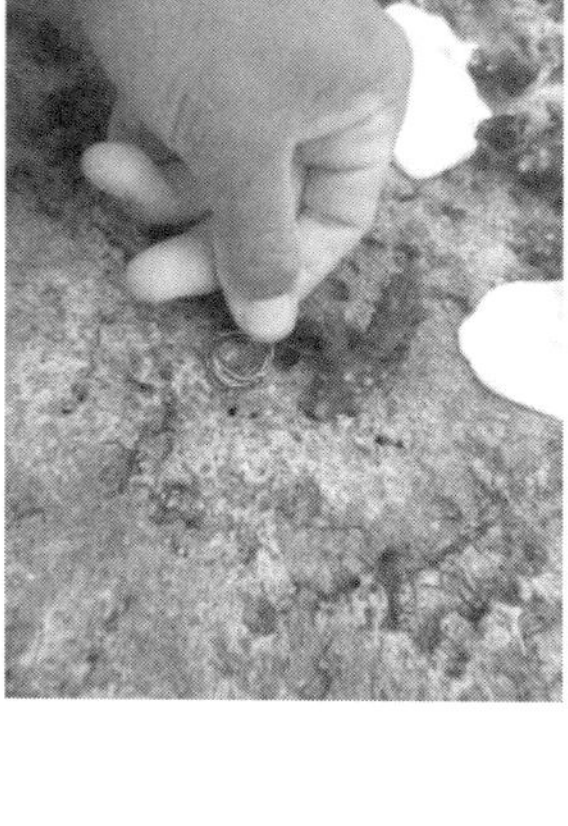

サンゴの一部を岩に接着させる

績として六年間で約六〇〇〇株余りのサンゴを、沖縄の海に植え付けるという活動を継続しています。また、植え付けから半年後の生存率も80％前後、一年後の生存率でも50％前後と、比較的高い生存率を維持しています。この結果は、今後の私たち美ら海振興会の活動に、大きな意味を持たせる大きな原動力になりました。

# 4　任意団体からNPO法人へと発展した美ら海振興会

## 環境保護ネットワークの結成

沖縄の海を昔のようにきれいにしたいという想いから、七つのショップでスタートした環境保護活動に多くの仲間が賛同し、一年後の二〇〇二年には、活動の輪が一三ショップほどに増えました。清掃活動に参加する人数も平均三〇人ほどになり、活動する人数も増え、回数も多くなってきました。

当然のことながら、思いつきでの考えや行動は管理できなくなり、あらかじめ、さまざまな計画を立てたり、取り決めを行わなければ運営ができなくなってきました。嬉しい悲鳴でした！　ある程度組織化する必要性を感じ始め、任意団体としての構想が練られたのもその頃です。そして、メンバーがゆるやかな連携でつながり、環境保護を訴えるネットワーク＝任意団体が産声を上げました。団体名はいくつもの案の中から、「環境保護活動をもっと盛んに！」、「たくさんの人たちと沖縄のキレイな海を一緒に守りたい！」という思いから〈美ら海振興会〉と命名し発足、会長並びに事務局を設置して組織活動を開始しました。

## 任意団体の限界を感じる

サンゴの植え付け活動や水中清掃、水中駆除といった活動を続けて一年ほどたったころ、参加メンバーの姿勢に温度差が出始めてきました。美ら海振興会としての活動に積極的に取り組むメンバーと、比較的消極的なメンバーとに分かれてきてしまったのです。

例えば、打ち合わせを行う際にも、毎週のように開かれる定例会議（美ら海振興会発足時は毎週話し合いを行っていました）について、消極的なメンバーからは、「毎週、会議を開く必要があるのか？」とか「ボランティアなんだからこの程度でいいじゃないか」と、団体の運営方法にも異議を唱えられる場面が多くなってきたのです。でも、よく考えてみると、こういう意見が出るのは当然といえば当然のことですよね。本業はあくまでも、ダイビングショップを運営することであり、皆、本業のかたわら、この環境保護活動を行っていたのですから。本業と振興会の活動とのバランスをとるのに非常に苦労していたと思います。これが現実なんですよね。活動しているメンバーに温度差が出てきても当たり前です。この温度差を受け止めることで、気持ちがスッキリした気がします。大事なことは、皆が、それぞれが活動できる環境をうまく作っていくことであり、モチベーションの高さを求めるだけではうまくいかないことを感じました。でもやはり、わかっていても、その舵取りはとても難しいですね。

私たちのような任意団体が活動する際の活動費の捻出方法ですが、基本的に仲間が皆、無理のない範囲で出し合い、ほとんどが手弁当で活動しています。不思議なことに、これまでお金に関する不平はあまりなかったように思います。これはとても嬉しいことです。日々変わっていく沖縄の、海の将来を心の底から本当に憂いて「何とかしよう」と、自らの想いで集まった仲間だからこそであり、高い志を持つ活動団体として大いに自慢できることではないでしょうか。でも、主だった活動の今後の活動範囲や頻度、その他に計画していた活動を考えると、手弁当で行うには限界が生あることが分かってきました。参加メンバーの台所事情も余裕があるわけではありません。活動資金をどうするかは、今後の活動・運営上とても大きな課題でした。

また、美ら海振興会の社会的な信用を得るにはどうすればよいか。任意団体であることの限界を感じていたところでした。任意団体とは、株式会社、学校法人、財団法人、社団法人、NPO法人などといった法律が定めた法人格を持たない「任意」の集まりのことで、「権利能力なき社団」とも呼ばれています。一般的に任意団体は、許可や認可、登録等が不要なため、これといった規制はなく活動しやすいというメリットがありますが、その半面、アヤシイ団体と思われる機会が多いなど、対外的な信用面の低さというデメリットがあります。実際、私たち美ら海振興会も、行政や企業、その他の団体へ赴いても、任意団体では対応してもらえないケースが少なくありませんでした。志をもって真剣に取り組んでいるのに、なかなか相手にしてもらえない……、とても悔しい思いを何度か経験しました。

団体の運営、活動資金のやりくり、社会的信用という三つの課題が、私たち美ら海振興会にのしかかり、任意団体で活動を継続していくことに限界を感じる日々が続いていました。

これら三つの課題を解消できる、何かよい方法はないか？　もっとアクティブにやりたいことを実行できる組織にするには、どうしたらよいか？　例えば、株式会社のような民間の企業組織にしてはどうだろうか？　でも、それでは営利追求が大きな柱となってしまうので、本来の私たちの活動の目的から大きくそれてしまう。営利追求ではなく、沖縄の海を守るという環境保護の観点から社会的に信用を得ることができる組織とは？　いろいろと考えを巡らせました。その結果、「ＮＰＯ法人にしよう」という結論に行きつくまでそれほど時間はかかりませんでした。

## 任意団体からＮＰＯ法人へ

ＮＰＯ法人化の是非を問うために、団体の臨時総会を開きました。集まったのは加盟ダイビングショップのオーナー、店長、スタッフまで総勢約三〇名。全員から賛否両論、さまざまな意見が出されました。ＮＰＯ法人になることで、「組織として今まで以上に、法律や規約など規制されることが出てくる。そのため、場合によっては団体の活動が制限されてしまい、結果、全体的に活動がやりにくくなる」という反対意見が出されました。任意団体だと、法人規則に縛られることなく、比較的自由に行動ができます。もちろん、任意団体でも法人格をもっている団体でも、その組織の会則は守らなければいけません。ＮＰＯ法人はＮＰＯ法に基づいて都道府県又は、内閣府の認証を受けて設立された法人なのでさまざまな制約が出てきます。例えば、活動内容に制約がでてしまうとか、都道府県や法務局などに定期的に提出する書類があるなど、事務処理が増えます。もちろん税務申告が義務付けられます。さらに情報開示もしなければいけません。

これまで行ってきた活動ができなくなるかもしれない、新たな事務処理や手続きなどが必要となることに対し、抵抗感を覚えたメンバーもいました。人はとかく既存のやり方から新しいやり方に転換するとき、拒絶感（面倒感かもしれませんが）を覚えてしまうのかもしれませんね。

〈温故知新〉、古き良きを忘れず、新たな時代の流れに合わせ、柔軟に対応をしていかなければ生き残っていけない。理屈でわかっていても、なかなか実践できない、それが私たち人間の常というものなのでしょうか。「活動をやりたい時にやればいい」、そんな考え方が一部のメンバーに定着してしまったのかもしれません。でも、これからの活動内容や社会的信用を考えれば、向かいたい方向は全くブレませんでした。なぜなら、私たち美ら海振興会が抱えている課題を解消するには、ＮＰＯ法人に移行することが近道だったからです。

この総会で真っ先に行ったことは、ＮＰＯ法人化に反対した加盟ダイビングショップへの法人化についての再度の説明でした。活動を一所懸命行っても、一般の人たちや他の業界の方たちから見れば、自己満足でやっているとしか見られていないかもしれないし、海を利用させてもらい商売をしているのだから、その海をキレイにする活動をやって当たり前だと思われているかもしれない（実際、私自身は当会の活動内容のほとんどが義務だと考えています）。沖縄の海に恩返しがしたい、元気を無くした沖縄の海を、二〇年前の、あの日の元気な海へ戻したいという強い想いが信念として、体のど真ん中にあること、だからこそ、環境保護活動を正々堂々と行い、私たち美ら海振興会が、社会に認められるためには、ＮＰＯ法人となって活動することが必要なのだ……。

気が付いたら、法人化の必要性を、切々と説いていました。こうした説明や想いが、難色を示していたメンバーの心を少しずつ同じ方向に向けていったのかもしれません。

## 海をフィールドとしているＮＰＯが沖縄に誕生

サンゴを守り、水中環境を良くしたい！　スタッフの質を向上させたい！　ダイビング業界全体を盛り上げたい！　という思いから、社会的にも信用のある団体を目指し、仲間と共に「特定非営利活動法人（ＮＰＯ法人）　美ら海振興会」を二〇〇八年一一月に設立しました。

沖縄の海が好きで、元々から熱い想いを持っているメンバーの集まりでしたので、中核を担う仲間は、加盟ショップ数が増え活動規模が大きくなっても率先して活動しています。海を主体として活動しているＮＰＯ法人は沖縄県内でも少なく、私の知る限りでは五団体程度です（もっと多かったらゴメンナサイ）。

沖縄のダイビング業界はこの二〇年でいろいろな方面、分野に影響をもたらすことになりました。沖縄の観光産業を牽引できるであろう業界になりました。若い世代に雇用を生む機会を作りました。世界に類を見ないキレイな海を、沖縄からその情報を発信できるようになりました。それと同時に、臭いものにはふたをするかのように、目をつむっていた現実もありました。

環境問題です。目の前に突き付けられた現実は、あっという間のでき事でした。なす術もないまま、ただじっと指をくわえて見ていたような気がします。沖縄の自然が悲鳴を上げたのかもしれません。「二度と同じことが繰り返されないように」、その瞬間、私たちの心が動いた気がします。ＮＰＯ法人　美ら海振興会の設立については、ここから詳しくお話しします。

## NPO法人　美ら海振興会　設立主旨

美ら海振興会は、沖縄の海洋環境の保護と自然と調和と共存できる社会の実現に寄与することを目的とし、任意団体として活動して参りました。主な活動内容は水中、陸上の清掃活動やブイの設置、オニヒトデの駆除やサンゴの植え付けなど、加盟事業所の従業員がすべて手作業で行っています。一九九〇年代に始まった、オニヒトデの大量発生や地球温暖化による水温上昇の影響により、沖縄に生息する数百種類のサンゴが深刻な影響をうけています。

我々のような地元ダイバーによるオニヒトデの駆除や、水中清掃活動によりサンゴの全滅という最悪の結果を今は、食い止められていますが、危険的な状況に今も変わりはなく、沖縄の海が本来の海を取り戻すためには、さらに多くの活動が必要とされています。しかし、このような活動には時間、資金、人員にも限界があり、状況を打開する十分な力となっていないことが現状です。当団体を特定非営利団体へ法人化することにより、これまで、各々が行ってきた清掃活動やブイ設置などの保全活動、サンゴの植え付け活動などが、広範囲にそして頻回に行うことが可能となり、また、社会一般にもその活動を認知してもらえることで、より多くの支援を受けることができると考えて設立しました。

## 「慶良間地域エコツーリズム推進全体構想」に注目

今日、地球温暖化が囁かれている中で、環境省や地元の自治体を中心に、自然を守るためのルール作りが始まりました。私たちダイビング業界が現在、もっとも注目しているのは「慶良間地域エコツーリズム推進全体構想」です。

これは、サンゴ礁をはじめとする海域資源を中心に、自然環境を有している慶良間諸島で、自然や文化の環境を次世代に残し持続可能な地域づくりを図ることを目的に、自然環境の保全や環境負荷の軽減を図りながらエコツーリズムを推進していくというものです。

エコツーリズムとは、自然環境の他、文化・歴史等を観光の対象としながら、その持続可能性を考慮する旅行やリクリエーションのあり方のことを指します。エコツーリズム推進法自体は二〇〇八年に施行されており、このエコツーリズム推進法にあてはめて慶良間諸島の自然を守ろうというのが「慶良間地域エコツーリズム推進全体構想」です。慶良間諸島は自然公園法に基づいて一九七八年に沖縄海岸国定公園に指定されました。国定公園は素晴らしい自然の風景地を将来にわたり、たくさんの人たちに楽しんでもらえるように、開発行為などに対して厳しい規制を設けています。

慶良間諸島は、ほぼ全域が国定公園の特別地域に指定されています。また渡嘉敷島、座間味島、阿嘉島の一部は海中公園地区に指定されており、この慶良間諸島の海中公園地区は、二〇〇五年一一月にラムサール条約（特に水鳥の生息地として国際的に重要な湿地に関する条約）湿地として登録されました。また、座間味村の屋嘉比島はカラスバトなどの希少鳥獣が生息する場所として、一九九四年に沖縄県の鳥獣保護区（特別保護地区）に指定されました。屋嘉比島と慶留間島に生息する慶良間ジカは、国の天然記念物に指定されています。その他、県指定の天然記念物などが数多く生息する島々が、慶良間諸島です。

自然・歴史・文化資源などの適切な保全、持続的な活用を、というエコツーリズムの考え方が、私たちダイビング業界だけではなく、いろいろな業界で浸透し、取り組まれるようになってきました。沖縄県でも「沖縄県エコツーリズム推進事業」を実施し、資源の保全方法などのガイドラインや推進方法、利用にあたっての認定制度の確立、保全利用協定など、自然・歴史・文化資源などを利用する業者が発生させるトラブルや、利用によって起こりうる自然環境への影響についての対策を検討しました。

ホエールウォッチングをはじめ、慶良間諸島海域を利用する業者と地元行政、各協会などと保全利用方法などが話し合われてきましたが、慶良間諸島の地元業者、地元ショップ間の意見調整が難航したり、沖縄本島からの利用者、ショップが多いため、利用方法やルールの統一が難航しているなど、現在も引き続き、地元業者、地元ショップ、沖縄本島ショップなど、関係者との意見調整が行われています。

慶良間諸島では海域保全の方法や、陸地の保全も推進していくことを掲げ、渡嘉敷村や座間味村の地元業者、地元行政、漁業関係者で構成される「慶良間自然環境保全会議」が立ち上がりました。渡嘉敷村では、二〇〇五年に「渡嘉敷ダイビング協会」が設立され、地元ダイビングショップ間の意見調整、海域保全などの活動を行っています。海の保全だけではなく、渡嘉敷村には「渡嘉敷村海岸管理条例」というものがあり、同村ビーチ内など陸地の保全活動も推進されています。

座間味村では、二〇〇一年に阿嘉島と慶留間島で営業しているダイビングショップで構成する「あか・げるまダイビング協会」が設立されました。さらに、二〇〇二年に座間味島で営業しているダイビングショップで構成する「座間味ダイビング協会」が設立され、各協会とも、地元ダイビングショップ間の意見調整、海域保全などの活動を行っています。

座間味村においては、クジラの行動や繁殖を妨げず、クジラを保護し、地域観光振興を促進することを目的に「座間味村ホエールウォッチング協会」が一九九一年に設立され、座間味村周辺海域でホエールウォッチングを行う際の自主ルールを設けています。

一九九〇年代に入り、座間味村周辺海域を利用する沖縄本島のダイビングショップが増え、地元漁業者や地元ダイビングショップの海域利用に影響が出始めたことで、沖縄本島のダイビングショップに対して、座間味村漁業協同組合から、座間味村周辺海域を利用する際の、モラルや地元ルールの再確認が行われました。

同じように、渡嘉敷漁業協同組合から出された、渡嘉敷島南西側に位置する海域の利用を禁止制限するルールが、沖縄本島のダイビングショップに再確認されました。この海域は、地元漁業関係者と地元ダイビングショップとの間で調査海域、保護地域としていましたが、沖縄本島のダイビングショップの利用が増加し、調査・保護への影響が出始めたことから、沖縄本島ショップの利用禁止措置が取られました。座間味村周辺のダイビングポイントの中には、船舶のアンカーやダイバーによるサンゴへの被害が著しく大きくなったため、地元ダイビングショップも含め、数年間、漁業を含めた潜水利用を禁止としたところもあります。利用せず、海域を一定期間休ませることで、サンゴや魚類などの資源復活を目指した試みです。そういった中で、先ほどお話しした「沖縄県エコツーリズム推進事業」が実施されました。

海域利用における問題・課題は山積みで、できるだけ早く解決しないといけません。

## サンゴ礁の保全と利用者数の問題

まず、海域利用者数の問題です。

現在、慶良間諸島を利用するダイビングショップは数百に上ると言われ、その日の海洋コンディションによっては、同じ場所を一回に数十人、一日に数百人のダイバーが利用しているのが分かっています。ある調査によると、月によってばらつきはありますが、慶良間諸島全体で一日に訪れるダイバーは一五〇〇人以上に上るそうです。

サンゴ礁を目に見える形で将来にわたり守っていくためには、慶良間諸島全体で、あるいは場所ごとに利用者数の上限を決めることも必要なのかもしれません。過剰利用されていると言われる慶良間諸島周辺海域ですので、必要であればできるだけ早く利用者数の制限や、ルールを明確にしていかないと、サンゴ礁の保全ができなくなってしまいます。

## 環境保全の共通ルールづくりを急ぐべき

次に、慶良間諸島を利用するダイビングショップの環境保全に対する考え方やあり方です。二〇一〇年ごろからサンゴの根元に生息し、サンゴを食していく巻貝の一種のレイシガイが大量発生し、それを駆除したり、オニヒトデの食害を防いだりと、サンゴ礁の保全には長い時間と人手、お金がかかります。渡嘉敷村や座間味村の地元ダイビングショップは、その日の営業が終わった後、沖縄本島のダイビングショップは、お客さまを水中案内しながらレイシガイやオニヒトデの駆除を行っています。もちろん、ショップ単位だけではなく、各協会や団体ごとに大掛かりな駆除、保全活動も行っています。

ところが、そういった駆除や保全活動に参加せず慶良間諸島を利用しているダイビングショップや業者がいます。サンゴ礁を利用し営業しているのであれば、海域の保全・サンゴ礁の保護は当たり前のことです。ですから海を利用する私たちダイビング業界は、保全・保護活動をボランティアではなく、義務として行わなければならないはずです。中には保全・保護活動に店長やオーナーが全く出ずに、試用期間中のスタッフを活動に参加させ続けたりするショップがあります。確かにそのショップの誰かが保全・保護活動を行っていますが、はたしてそれでよいのでしょうか？　私はオーナー自らが率先して、保全・保護活動を行うのが当たり前だと思います。沖縄の海が好きで、沖縄の海を利用させてもらっているのですから。ところがそうではない、残念なことです。時間がないのは皆さん一緒です。忙しいのも皆さん一緒です。時間がたっぷりあるから、暇だから保全・保護活動を行っているわけではありません。自分たちの目の前にある、すぐそこにある素晴らしい自然を守るため、残すために活動、行動するのだと私は思います。ですから志の高い、ボランティアではない、当たり前に保全活動、保護活動を行っているショップが利用できるルール作りが早急に求められています。

「慶良間自然環境保全会議」では二〇〇八年に「慶良間地域エコツーリズムガイドライン」というルールを定めました。これはダイビングショップなどの事業者だけではなく、そこに住む住民や訪れる観光客にも自然を守ってもらうためのルールです。

以下は、この「慶良間地域エコツーリズムガイドライン」の中から、慶良間諸島を訪れるショップ、スタッフ、観光客に向けた内容です。補足説明を省き、重要な部分だけをご紹介します。

①慶良間の人々の言葉に耳を傾けましょう。
②おじゃまする気持ちで、慶良間地域のルールを理解しましょう。
③島の生態系や生活文化に負荷を与える行動は避けましょう。
④ゆったりとしたスケジュールを考えましょう。
⑤慶良間特産のものを味わいましょう。
⑥資源の節約を心がけましょう。
⑦ゴミを少なくすることを心がけ、ゴミをだしたときは持ちかえりましょう。

⑧環境に配慮している事業者を選びましょう。
⑨沖縄県の環境保全に関するルールを守りましょう。
以上の九つ、いかがですか？　当たり前のガイドラインかもしれませんが、今までのお話をわかって頂ければ、すごく良く理解できる内容だと思いませんか？

続いて、地元に住む住民に向けたガイドラインです。
①島の自然景観を大切にします。
②島の自然環境の保全に配慮します。
③ゴミのない地域づくりをおこないます。
④地球環境の保全を意識します。
⑤魅力ある地域づくりを意識します。
次に、慶良間諸島で観光に関する事業を営む事業者の約束ごと、共通ルールです。
①自然環境へ配慮された事業運営を行う。
②地域とつながりのある事業運営を行う。
③ルールに基づいた事業運営を行う。
④主体的に、具体的に。
このほかにも細かな内容がガイドラインには記載されています。当たり前のようで、継続することはとても大変です。でも、継続しないと自然が壊れてしまいます。私たちダイビング業者だけではなく、地元住民も、訪れる観光客も一緒になって行動を起こさなくてはならないと

いうことです。

渡嘉敷村、座間味村では「慶良間のサンゴ礁」を特定自然観光資源として指定しています。これは、各島の周辺の水深三〇メートルよりも浅い範囲を指定しており、ダイバーによるサンゴへの直接的な被害や、オニヒトデやレイシガイ類による食害等からサンゴ礁を守ることを目的としています。慶良間地域エコツーリズム推進全体構想はエコツーリズムの形成、推進を考え、渡嘉敷村、座間味村の両村にそれぞれ推進協議会を設置しています。これは地元行政や地元住民、地元の関係機関、さらには研究機関や県や国の関係行政機関、その他関係団体で構成されています。

推進協議会だけではなく、慶良間サンゴ礁保全利用部会も立ち上げました。これは特定自然観光資源の保全・保護を目的に、サンゴ礁を利用する全ての業者に参加を促し、一致団結してサンゴ礁の保全活動をしていく組織です。どの組織も同じ悩みを抱えています。それは活動・運営費です。寄付金や会費、国や県等からの助成金などありますが、十分に活動費をまかなえるだけの金額ではありません。活動自体が一過性のものではないため、継続的な資金調達方法を確立させることが必要になります。

ここまで慶良間諸島の現状と、地元行政や地元住民、地元のダイビング協会の取り組みについてお話ししてきました。

## 美ら海振興会の目的のメインは環境保護

さて、ここから私たち沖縄本島側の取り組みや、組織編成などについてお話ししていきます。
現在、沖縄本島には、慶良間諸島を利用するショップが加盟している団体・組織が私の知る限り六団体あります。団体の活動内容はさまざまです。本土からの修学旅行生がマリンスポーツやスノーケリング、ダイビングを行う際に、その各コースを事業として行うことを目的に設立された組合もあれば、人工呼吸、心臓マッサージなど救命を柱としたトレーニングを行い、行政や海上保安庁などの関係機関と協力しながらダイビング事業者の地位と質の向上を目指している組織もあります。また、加盟するショップのほとんどが同じ地区にあり、漁業従事者との関係を取りまとめ、トラブルの解決を目指すといった組織もありますし、リゾートホテルが立ち並ぶ沖縄本島の中北部地域で事故対策や、地域振興のために活動している組織もあります。さらには、今後施行が予定されている「慶良間地域のエコツーリズム推進全体構想」を見据えて、沖縄本島側で慶良間諸島を利用する船舶やショップが加盟し、慶良間諸島にある地元ダイビング協会や地元行政などと団体交渉を目指している組織もあります。

任意団体もあれば、法人格を整え、しっかりとした計画のもとに活動している組織など、活動内容や目的はさまざまです。団体に属する会員の構成にも違いがあります。いくつもの団体に加盟するショップもあれば、一つの団体・組織にだけ加盟しているショップもあります。中には、どこにも属さず単身で活動しているショップもあります。現在のところ、団体や組織への加盟は任意で、各々の判断にゆだねられています。団体・組織に加盟するメリットとしては、必要とする情報が得られやすい、単身でできないような活動が行える、同じ目的、目標をもった仲間がたくさんいる、トラブルなどが発生した場合に、行政などへ団体交渉がしやすいなど、さまざまあります。団体・組織によっては年会費や寄付金などのお金を支払う必要がありますが、どこの団体・組織も運営に必要な最小限度の金額です。

沖縄本島にあるダイビングショップが加盟する団体・組織の中でも、団体の設立主旨が環境保護がメインとなっているのは、私たち「特定非営利活動法人（ＮＰＯ法人）美ら海振興会）」だけです。特定非営利活動法人とは、その名の通り営利目的で運営、活動を行ってはいけません。しかし、運営や活動には、どうしても時間や人、そしてお金が必要です。ですから、ある特定の非営利活動を行うのに必要なお金を捻出するための営利活動は行ってもよいのです。会員の年会費だけでは到底、活動費はまかなえません。規模の大きな団体になると事務所を構えたり、職員を雇ったりして固定経費がかかります。名の知れた団体でしたら多額の寄付金など頂けたりするそうですが、そのようなありがたい話はあまり多くは聞きません。ですから、人件費や活動費、経費を補うための営利事業や物品の販売などが認められているわけです。特定非営利活動法人と聞くと、「お金を儲けてはいけないいんじゃないの？」「物を販売してはいけないいんじゃないの？」という声を耳にしますが、そうではないということです。

また違ったお話も耳にしました。「こういった特定非営利活動法人って、県から助成金がもらえるんでしょ？」残念ながら、そんなことはありません。助成金をもらうためには申請書を準備し、必要書類を添えて提出しなくてはいけません。しかも提出すれば、必ず申請が通るわ

港でのゴミひろい

海岸に打ち寄せたゴミを回収

不法投棄されたゴミ

「イキイキ☆サンゴ大作戦」の開会式

海外からの漂着ゴミ

漢字？がたくさん書かれた漂着ゴミ

けでもありません。また使用目的が決まっている助成金の場合は、その目的以外には一切使用することができません。

美ら海振興会は環境保護活動を主体としていますので、私たちの活動を支援してもらえるような内容の助成金制度のある企業を探します。企業を探す場合、インターネットの検索サイトから探し出すのですが、そのほか助成を行っている企業が掲載されている専門の書籍からも探します。美ら海振興会が行っている水中の清掃活動や陸上の清掃活動、海岸線の漂着ゴミの回収、現在、メインで行っているサンゴの植え付けなど、その活動に必要な経費を助成してもらえるように、捜し出した企業にお願いします。企業は申請された内容を精査し、助成金の金額を決定します。活動に必要な金額が集まらない場合は、助成してもらえる企業をさらに探し、申請書や必要書類を提出していきます。多い月には一〇件以上の企業に申請書を送り、審査を待ちます。助成が決定すると、今度は活動後に報告書を提出します。活動内容が分かる写真、資料、成果、経費の領収書の写しなど、企業へ提出する書類は申請書、報告書あわせて数十枚に上る場合がほとんどです。

今までに助成金での支援など、美ら海振興会の活動を支えて頂いた企業はたくさんあります。三井物産株式会社様、日野自動車グリーンファンド様、トヨタ自動車株式会社様、コンサベーションアライアンスジャパン様、日本財団様、特定非営利活動法人夢&環境支援基金様、株式会社ＰＡＤＩジャパン様、ＡＷＡＲＥ財団様、社団法人レジャー・スポーツダイビング産業協会様、株式会社タバタ様、特定非営利活動法人ハッピーゲイン様、財団法人大阪コミュニティ財団様、東洋ゴムグループ環境保護基金様、藤本倫子環境保全活動助成基金様、沖縄の地元企業からは、財団法人おきぎんふるさと振興基金様、沖縄海邦銀行様、琉球銀行様、株式会社リウボウインダストリー様、ＳＯＯプロジェクト事務局様、などたくさんの企業に支えられ活動を継続しています。ご協力頂いている企業の皆様には大変感謝しており、心強く思います。ありがとうございます。

二〇一一年に入り、また素晴らしい企業に支援して頂けることになりました。一丸ファルコス株式会社という岐阜県にある会社です。自然由来の化粧品・健康食品原料の企画、研究開発を自社で一貫して行っている会社です。天然素材の研究開発から抽出・精製・試験・調査・マーケティング・販売に至るまでをワンストップで提供していて、私たちの活動主旨にご賛同頂き、今回は、沖縄産や宮古島産のアロエベラや、ヘチマ、オクラといった天然素材から作った化粧品原料を化粧品メーカーに販売し、その売り上げの一部を、美ら海振興会に寄付して頂けることになりました。化粧品原料メーカーが、その原料を使って商品を作る最終の化粧品メーカーを巻き込んで、このように環境保護団体を支援することは極めて珍しいことなのだそうで、自然化粧品を手掛ける業界、メーカーを中心に注目を集めています。

## 慶良間諸島の利用をめぐる沖縄本島ダイビング業界の危機感と結束

このようにたくさんの支援を頂いて活動している美ら海振興会ですが、環境保護活動とは全く無関係のようでそうではない、別のことも、これからは行うことになりそうです。

二〇一一年の春先に、沖縄のダイビング業界の本島側にある六つの団体・組織で話し合いの席を設ける機会がありました。各団体・組織の会長、副会長、事務局長が集まりました。総勢三〇名ほどが集まり、何を話し合ったかと言いますと、慶良間諸島における法律や条例、ルールについて、沖縄本島側のダイビング事業者の考え方、方向性についてです。

慶良間諸島を利用している頻度は、組織・団体に属しているショップによって違いがありますが、今回の「慶良間地域のエコツーリズム推進全体構想」その他法律、条例、ルールでは、利用する頻度は関係なく、慶良間諸島を利用する全ての人たちが対象となります。前にもお話ししたように、保全活動に協力的ではないショップオーナーにどのようにすれば協力してもらえるか、地元の地先を利用する際の地元のルールを、どのようにして慶良間諸島を利用する沖縄本島のショップに浸透させるか、慶良間諸島の各協会とどのようにすれば協力体制がとれるのか、等でした。古くから営業しているショップや先輩が営業しているショップには、遠慮があってなかなか話しにくいこともあります。あるいはこういった法律や条例・ルールを全く知らないショップなど、さまざまな問題を抱える沖縄本島でショップを一つにまとめて、慶良間諸島を利用していくことは、非常に難しいことで、昔から叶わない夢として語られてきました。

ところが「慶良間地域のエコツーリズム推進全体構想」がスタートすることで、このような状況は一変します。先輩も後輩も関係なく、みんなが協力して一つにまとまり、未来に向かって考え、行動を起こさないと沖縄のサンゴ礁がなくなってしまう、慶良間諸島を利用できなくなるということです。数年前に「慶良間の海で潜れなくなる！」という記事が出ました。しかも地元沖縄の新聞にではなく、本土の新聞に真っ先にです。この新聞の掲載記事の内容に沖縄本島のダイビングショップは浮き足出しました。ほとんど情報がない中で出た新聞記事は、ある意味、沖縄本島側のショップに結束感を生むきっかけになったと感じます。

しかし、法律や条例というものは、そう簡単に前に進むものではなく、新聞記事が出て以降、目だった進展が見えない状況が続くと、せっかく生まれた結束感が薄らいできました。そうなると自分勝手にルールを作ったり、自分勝手にルールを解釈したり、ルールを無視するショップが出始めてきました。そんな状況の中で、沖縄本島の主だった団体・組織が一堂に会して、沖縄本島側のダイビング事業者の今までのこと、これからのダイビング事業者の向かうべき方向などが真剣に話し合われたことは、沖縄のダイビングショップにとって、沖縄のダイビング業界にとって、素晴らしいことだったのかもしれません。

## 美ら海振興会が代表となって折衝にあたる

この話しあいの中で、私たちＮＰＯ法人美ら海振興会は、いくつかの団体・組織から推薦を頂き、最終的にはその話し合いの中で正式に、沖縄本島側の団体・組織の代表として、環境省や渡嘉敷村、座間味村の各ダイビング協会、地元行政、関係機関と話し合い、折衝する機会を承認して頂きました。この本を皆さんに読んで頂けるころには、沖縄本島と慶良間諸島を取り巻く私たちダイビング業界や自然環境に、何らかの変化が起こっているかも知れません。今まで私が書いてきた内容が、全く変わってしまっている状態や内容も、あるかもしれません。

時代の変化は止められませんし、待っていても望む時代はやって来ないかもしれません。環境の変化もそうです。指をくわえて見ているだけでは何も変わりませんし、改善もしません。だから私たち美ら海振興会は行動を始めたのです。少しでも変わることを願って、自分たちの足元から見直しました。ゴミを拾うことから始めました。みんなのちからを集めることで、一人ではできなかったことも、大規模にできるようになりました。ダイビングを楽しみに、沖縄にいらっしゃるお客さまのちからも借りました。少しずつ活動の成果が表れ始めました。慶良間諸島のサンゴが、少しずつですが復活・再生し始めました。植え付けたサンゴが大きく育っています。植え付けたサンゴが産卵する日も近いでしょう！　サンゴ礁に魚が増え始めました。私たちを取り巻く、沖縄の海に、慶良間諸島の海に、針の穴ほどですが、未来に向けて光が見えたような気がします。

今だからこそ、ダイビング業界の関係者が襟を正して変わることが、とても大切なこと、そして必要なことなのです。私たち美ら海振興会が、沖縄本島六団体の代表として、環境省や渡嘉敷村、座間味村の各ダイビング協会、地元行政、関係機関と話し合い、折衝する機会を頂けたことは、私たちが今まで活動してきた内容や実績からすると、必然的だったのかもしれません。しかし決して最初から沖縄本島六団体の代表になるために、サンゴの保全、育成や清掃活動を行ってきたのではないということです。これから始まる、いろいろな方たちとの話し合いでは、あくまでも保全・保護・育成などからの目線で意見や提案を伝えていきたいと考えています。

「イキイキ☆サンゴ大作戦」参加者のパーティでの集合写真

神山島(無人島)での清掃活動

一つの考え方ですが、私たち美ら海振興会は、今後の海の利用方法として、沖縄本島のダイビングショップが慶良間諸島を利用できなくなることも想定しています。もちろん、そうなってしまった場合の営業方法も考えなくてはいけません（私はすでにいくつかアイデアを用意していますが……）。しかし現段階では、慶良間諸島が利用できなくなると、営業に困ってしまうショップが沖縄本島側には多く存在します。沖縄本島側からの意見や提案、妥協案が全て通るとは思っていません。

今回の「慶良間地域エコツーリズム推進全体構想」が沖縄本島のショップにとって、良いものになると信じています。でももしかし、慶良間諸島を利用できなくなる沖縄本島側のショップが出てくることも否定できません。可能な限りの努力を惜しまず、一所懸命活動してきたショップが、最後に堂々と胸を張って慶良間諸島を利用できればいいのですから。沖縄本島の全てのショップが慶良間諸島を利用できることは、これから先はないと考えていいでしょう。

今まで増え続けてきた、沖縄本島のショップに淘汰の時代が来たのです。この本を読んで頂いている皆さん、もう少しだけ沖縄の海の様子を見ていて下さい。きっと今以上にキレイな素晴らしい海が戻ってきますから！

それから、皆さんが利用している沖縄本島のショップが、慶良間諸島を利用できるように、そのショップを手助けしてあげて欲しいのです。皆さんの協力なくしてサンゴの保全・再生はあり得ないのですから！　もし慶良間諸島と沖縄本島を取り巻く状況や、自然環境の変化に付いていけない沖縄のショップやオーナー、スタッフが皆さんの周りにいたら、尻を叩いて喝を入れて下さい。

沖縄のサンゴの未来は、この本を読んでいる皆さんと、私たち、沖縄のダイビング業界関係者にゆだねられているのですから。

## 美ら海振興会の五つの事業

ＮＰＯ法人美ら海振興会の組織についてお話ししましょう。

ＮＰＯ法人へ移行し設立したことで、三つの課題のうち、活動資金と社会的信用の課題は少しずつですが、クリアされてきました。現在、美ら海振興会の活動資金は全体の三分の一を個人の方々から、三分の二を企業・団体からの厚意の資金協力によって支えられています。また近年、企業からは、直接的なご寄付のみならず、販売促進活動を通じて売上げの一定割合のご寄付をいただくケースや、周年行事などのセレモニーにあわせてご協力いただくケースも増えてきました。また、個人や企業、団体に支援をいただくことで、今まで不可能だった大きな活動ができるようになりました。

続いて、美ら海振興会の現在の事業内容をお話しします

活動内容を五つの事業に振り分け、以下の理事を責任者として任命して取り組んでいます。

・第１事業部　サンゴの植え付け：池宮城竜治
・第２事業部　水中駆除：水野彰人
・第３事業部　水中清掃：福田順一郎

・第4事業部　陸上清掃：加藤淳一
・第5事業部　安全学習：當間祐介

池宮城竜治が責任者として取り組むサンゴの植え付け事業は、サンゴの植え付けが主な活動です。現在、沖電開発株式会社さん、NPO法人グローイングコーラルさんからサンゴ株を購入し、〈イキイキ・サンゴ大作戦〉と銘打って、毎年二〇〇〜三〇〇人の一般ダイバーの協力を頂き、二日間のイベント期間中に一〇〇〇株以上のサンゴ株を植え付けています。

美ら海振興会が行っているサンゴの植え付けは一過性のものではなく、モニタリングやメンテナンスを徹底し、植え付けた後も最低一年は観察をしているのが特徴です。植え付けた場所、植え付けた年によっても若干異なりますが、一年で50〜60%の生存率を維持しています。最近では、ただファンダイビングを楽しむだけでなく、植え付け後のサンゴに関心を持ち、ダイビングショップに植え付けたサンゴを見てみたい、また自分で植え付けたサンゴの成長を確かめたいということで、植え付け場所でのダイビングをリクエストするお客さんも増加してきました。同時に、美ら海振興会の活動に賛同する沖縄本島以外のダイビングショップも徐々に増えてきました。

水野彰人が責任者として取り組む水中駆除事業は、主にレイシガイやオニヒトデなどを駆除する水中駆除活動が主な活動です。現在、美ら海振興会を立ち上げた当初に比べ、レイシガイ類の数が相当数増えてきています。また、二〇一〇年末ごろから手のひらサイズのオニヒトデが、あちらこちらで見かけられるようになっていることから、今後の最重要活動事業として考えています。

福田順一郎が責任者として取り組む水中清掃事業は、ダイビングポイントや釣り場の水中にあるゴミや釣り糸などの回収作業が主な活動です。

加藤淳一が責任者として取り組む陸上清掃事業は、海岸線のゴミ、漂着物の回収や清掃、港やダイビングで使われる場所の陸上清掃が主な活動です。場合によっては地元企業の協力も頂き、陸上清掃には二〇〇人前後の参加者が活動にあたることもあります。

當間祐介が責任者として取り組む安全学習事業は、加盟店のスタッフを対象としたＣＰＲトレーニング、接客マナー、顧問弁護士を招いての勉強会、沖縄の歴史や風土を学んだりする機会をつくることが主な事業内容です。

事業ごとに毎年、年間スケジュールを立ててそれぞれの内容を実施しています。

## 5　美ら海振興会の理事たちの奮闘

美ら海振興会は、沖縄の海を元気な姿に戻したいという、熱い情熱が活動の原動力になっています。私だけのマンパワーではなく、高い志の仲間が一人、また一人と集い、今の組織を築いて来られたのだと思います。ここに集まった仲間たちの協力があってこそ、今日のＮＰＯ法人美ら海振興会が存在すると云っても過言ではありません。

そんな、頼もしい仲間の熱い想いをここで皆さんに紹介します。この想いなくして、ＮＰＯ法人美ら海振興会は語れません。

**■第一事業部　池宮城竜治《いけみやぎりゅうじ》**

所属：海竜潜水《かいりゅうスクーバ》オーナー（那覇市安謝八二）

役職：理事

事業内容：サンゴの植え付け事業

振興会では年に一回、協賛企業から頂いた助成金でサンゴの苗を購入し、加盟ショップ及びショップゲストの参加型の方法で、サンゴの植え付けを行っています。そのイベントを「イキイキ☆サンゴ大作戦」と称しています。

当初、この事業は、サンゴの植え付けに賛同していただいたゲストの方々に、サンゴ一株を四〇〇〇円で購入していただき、ゲスト自らサンゴの植え付けを行って頂いていました。しかし、それだけでは植え付けるサンゴの数に限界を感じ、美ら海振興会としてはこの活動をもっと広く知ってもらうため、いろいろな広報活動や支援活動、助成金申請を行ってきました。そのような経緯があり、今日では協賛企業からの助成金などでサンゴ株を購入し、植え付けに参加して頂くダイバーの金銭面での負担を軽減できるようになりました。

最初に、私どものサンゴの植え付け内容について説明します。

まず場所についてですが、当初は沖縄本島と慶良間諸島との間に位置する、チービシエリアにある神山島の南やナガンヌ島の南北にサンゴの植え付けを行ってきました。しかし、植え付け範囲が広範囲なので全体的な成長具合が一見して分かりにくいという問題が発生しました。そこで、二〇一〇年から一ヵ所に一〇〇〇株のサンゴの植え付けを試みています。いまでは、植え付けた多くのサンゴの成長が分かりやすく、誰でも簡単に観察することができるようになりました。

次に、美ら海振興会と他の団体が行っているサンゴの植え付け方法等の大きな違いについて、説明します。サンゴの植え付けは当然、いろいろな団体が行っていますが、美ら海振興会は、他の団体と比べ圧倒的な数のサンゴを植え付けしているという点がまず挙げられます。

植え付け内容としては、植え付けた後に毎月モニタリングとメンテナンスを行っています。どれくらい生存しているか？　また、三ヵ月毎にサイズを測ることにより、どれくらい成長しているのか？　成長の動向を細やかに調査しています。また、サンゴを植え付けている場所の水中清掃を行うことで、サンゴが成長しやすいようなケアを充分に行っています。

さまざまなケアの中でも、最も気をつけなくてはならないことがあります。それはサンゴの育成にとって天敵となる「オニヒトデ」や「ブダイ」などのサンゴへの食害です。これらを防止する策として、サンゴに「食害防護カゴ」を取り付けています。この「食害防護カゴ」の取り扱いにおいては、過去に、台風により防護カゴが外れ、外れたカゴが植え付けたサンゴを根こそぎ折ってしまったことがあるので、台風が来襲する際にはひとつひとつ防御カゴを外し台風が去った後に再設置しています。今年は台風の来襲が多く、台風6号の時に外して以来、再設置は行っていません。

以上のような、細心のケアを行っているのが、他の団体との大きな違いとなります。

私どもが、このように活動を細やかに行うことができるのは、美ら海振興会の考えに賛同していただいているゲストや関係者の方々からの活動協力金のおかげです。この活動協力金はひと口一〇〇〇円で、口数は何口でも寄付して頂け、誰でも気軽に美ら海振興会の活動を支えて頂けます。そういった背景により、活動が速やかに行われ、サンゴの育成を支えていくことができています。

さて、ここで問題となるのが、私どもの充分なケアで、全てのサンゴが順調に育っているわけではないことです。食害防護カゴをすり抜けた魚やオニヒトデなどによる食害、いろいろな要因からの原因不明の白化現象、台座および土台からの脱落、台風や海の時化などが原因と思われる水底の砂の巻上げにより、サンゴに砂が被ってしまい呼吸ができなくなっての死亡等、このような成長を妨げる原因がいくつもあり、確実に育成が行われないのも現状です。結果、活動から五年間の中で生存率は50％前後です。

しかし、そういった中でも、初年度（二〇〇七年）から上手く成長を続けているサンゴもあります。元々五センチ前後の大きさだった個体が今では五〇センチを超え、そろそろ産卵してもいい大きさまで成長しています。

二〇一一年度には、「その成長具合も確認したい！」という多くのゲストからの声で、六月に「イキイキ☆サンゴ観察会」というイベントも開催致しました。当日は、実際に自分達で植え付けたサンゴが、どれぐらい成長しているかを、ご自身の目で確認していただきました。さらに、周りの環境の清掃や、植え付けたサンゴではありませんが、夜にはサンゴの産卵まで観察することができました。

参加いただいたゲストのみなさまは「いかにサンゴが自然界で大きな役割を果たしていて、そして、それがいかに大切なことなのか」を実感して頂けたと思います。次年度は、是非とも、自分達で植え付けたサンゴの産卵を観察できたらと願っています。私どものサンゴの植え付け事業の目的のひとつである、「植え付けたサンゴが産卵し、沖縄のサンゴが増えていく」という目的につながって行くと考えているからです。

## 今後の抱負

先日、サンゴを専門的に研究している学者の方にモニタリングに参加していただき、我々の活動について、ご意見を頂きました。具体的にサンゴの数や、成長具合について「これだけしっかりと記録を取り、ケアを行っている団体はない」とお褒めいただきました。今後は、調査した内容を集計し、しっかりとまとめていけば、世界基準というのでしょうか？　グローバルスタンダード視点にたったデータとして、今後のサンゴの保全に活用してもらえると考えています。日々の活動を一所懸命に頑張っていきたいと思います。

**■第二事業部　水野《みずの》　彰人《あきひと》**

所属：パラダイス倶楽部店長（那覇市泊三―一四―一）
役職：副会長
統括事業部：水中駆除事業
事業内容：主にダイビングポイントを中心に、サンゴを食べる生物の駆除。駆除する生物はシロレイシガイダマシ類とオニヒトデが駆除の対象となっている。

沖縄本島、慶良間諸島近海では、現在オニヒトデの数は全体的には少なく、そんなに目立たない数になっているが、場所によってはオニヒトデの数が片寄り、サンゴの食害が多い所もあります。オニヒトデもシロレイシカイダマシ類も基本的には日々のダイビング中、見つけたら駆除を行っています。

ダイビングポイントで大量発生の報告があれば、ＮＰＯ法人美ら海振興会で駆除日を決めて、できる限りスタッフを出動させて駆除を行うこともしています。毎回、駆除日を決めて行えばたくさん駆除できると思います。

しかし、オニヒトデもシロレイシガイダマシ類もなんらかの自然界での役割があり、この海のバランスを保っています。これを無差別に駆除することは、自然のバランスを壊してしまう恐れがあるので、駆除する場所はダイビングポイントのみ、また大量発生してダイビングポイントのサンゴを食べつくされる危険性がある場合、その場所での駆除を行います。

オニヒトデは、体を毒針で覆っており、刺さると猛毒のためにかなり腫れあがります。また、二度、三度刺さるとアナフィラシキーショック（過敏症のアレルギー反応）で酷い場合は心肺停止まで陥るので、細心の注意を払いながら駆除を行っています。

また、大型のオニヒトデの場合、直径五〇センチ以上にもなるので、一度にたくさんのオニヒトデを駆除することがとても大変です。シロレイシカイダマシ類については、繊細な枝サンゴの奥にいることが多く、駆除の時にサンゴを折ってしまわないようにピンセットや割り箸で一つ一つ丁寧に採ります。一つのサンゴに多い場合で二〇〜三〇匹、大きさは一〜三センチぐらいなので、全て駆除をするには非常に時間がかかってしまいます。

僕たちがダイビングを始めた時の海は、足の踏み場もないぐらいサンゴ一面の海でした。どの場所に潜っても、サンゴが生い茂り、海の中は砂地以外、全てサンゴと言っても過言ではない、とてもきれいな風景が見られていました。またサンゴの種類も多く、青色、赤色、黄色や緑色と水中は色鮮やかでしたが、地球温暖化の影響で海水温度も上昇し、今まで生い茂っていたサンゴが海水温度が高くなりすぎて死んでしまう、サンゴの白化現状が起きてしまったのです。

この時にサンゴからオニヒトデを誘発する何らかの物が出たのか、その後すぐに大量のオニヒトデが襲って来たのです。その数の多さは数えられないぐらい、サンゴ上にオニヒトデがぎっしりと、こちらこそ毒針に刺さるので本当に足の踏み場もなかったです。その風景は今でも鮮明に覚えています。その時も僕たちはオニヒトデの駆除に頑張っていましたが、その数の多さと、サンゴを食べるスピードの速さ、また逃げ足の速さに驚かされました。

昨日まで居なかった所に突然現れ、駆除するために次の日に行ったら、そこにはもう居ないこともしばしばでした。そうこうしている間にほとんど食べられてしまい、餌が無くなったオニヒトデはサンゴがたくさんある所へ移動を開始しました。残ったサンゴの多くはオニヒトデが食べにくい枝サンゴでした。

サンゴを食べる動物はオニヒトデだけではありませんでした。シロレイシガイダマシ類です。今までバラバラに住んでいたシロレイシガイダマシ類が集まり、残った枝サンゴに群がるようになり、大量発生のようになってしまったのです。生き残った枝サンゴもシロレイシガイダマシ類の餌食になってしまい、サンゴが無くなりました。この負の連鎖によってサンゴが壊滅的な被害を受けました。

この時の教訓で、無差別に駆除をしても自然の力には敵わない。だから、守りたいダイビングポイントだけを守ろうと。その教訓が今、石垣、宮古に大量発生しているオニヒトデ駆除方法として使われております。

今、少しずつサンゴが回復しており、少しでも早くあの海に戻って欲しいという願いと、新人スタッフは今の海しか知らないので、昔のサンゴいっぱいの海を知ってもらいたい、この壊滅的な海が当たり前だと思って欲しくない思いもあり、私たちのサンゴの植え付け事業等で、あの素晴らしい海に一日でも早く戻って欲しい、そのためにはできる限りサンゴにダメージを与えないダイビングを心掛けないといけない。そして、今生きているサンゴをオニヒトデやシロレイシガイダマシ類から守り、たくさんの卵を産んでもらいたい、その思いでこの活動を行っております。

## 今後の抱負

新人スタッフは、オニヒトデやシロレイシガイダマシ類を見つけることが難しく、駆除に参加しても何処にいるかわからないこともしばしばあります。大量発生していればすぐに分かるのですが、通常オニヒトデは日中サンゴの裏に隠れていることが多く、覗かないと見つけられないからです。シロレイシガイダマシ類も枝サンゴの根元に生息しているので、新人のダイバーではなかなか探すことができません。

今までは、先輩方より駆除のノウハウや生息場所などを教えてもらい勉強をしていました。しかし、ダイビングショップが増加して、スタッフが増えたことで、簡単に集まり勉強する時間や場所を確保することが困難でした。そこに美ら海振興会が誕生したのです。そのおかげで、水中駆除事業の活動を行いながら、教えられることができるようになりました。このノウハウを、同事業を通じて同業団体やインストラクターへ伝え、そのノウハウを身に付けることで、サンゴを守る駆除活動も広範囲になると思います。これは沖縄の海の環境保護にも大きく貢献できることだと思うので是非、これからも取り組んでいきたいと考えています。

## 美ら海振興会　副会長として

今後、オニヒトデ・シロレイシガイダマシ類の大量発生に備えて、ＮＰＯ法人美ら海振興会会員の皆様に、日々の駆除活動を月一回駆除報告をしてもらっています。この時の駆除データを集計して、どの地域にオニヒトデやシロレイシガイダマシ類が多く生息しているか、また駆除した数が増えていないかなど、このデータを監視して大量発生の兆しになった時に、いち早く全体で駆除を行えるように準備を整えております。

大変な作業になりますが、あのきれいだった海に戻すために、組合員全員が力を合わせて、海を守って行き、無差別に駆除を行わず、保全区域を決めて集中的に駆除を行って行く方法で壊滅的な被害を免れるよう頑張って行きたいですね。

**■第三事業部　福《ふく》田《だ》順《じゅん》一郎《いちろう》**

所属：シーサー那覇店副店長（那覇市港町二―三―一三）
役職：事務局長
統括事業部：水中清掃事業
事業内容：ダイビングポイント及び、防波堤、港周りの水中清掃を主な活動としている。また、毎月一回、第一事業部が行っているサンゴモニタリングに並行して清掃活動を行い、データ収集を日々続けている。

今後の抱負や願い

「ゴミのポイ捨てをしない」「落ちているゴミを見つけたら拾う」

昔から多くの人が教えてくれたこと。その基本が今問われているのかもしれません。

私が担当している、水中清掃事業の使命は、美ら海の水中をきれいに保つこと。簡単に言うと、あるべき姿に戻すための、海中のゴミ拾い（掃除屋さん）です。ただ、普通でないことが一つ、ゴミを拾う環境が水中だということです。水中は通常、人間が生きることができない場所です。地球上で最も宇宙環境に近い場所であり、私達はそこで清掃を行っていることになります。そのため、危険を伴うこともちろんですが、大人数で掃除を行うことも難しくなります。そのため、「ゴミを拾う」、その簡単と思われる作業に難航を極めるのです。

沖縄の海をイメージしてみてください。「そもそも、沖縄の海にゴミは落ちているのだろうか？」そう思う人も多いのではないでしょうか。実際海に潜ったことのない人達は想像できないかもしれませんね。しかし、現実はどうでしょう。今この瞬間もゴミが溜まり続けているのです。しかし、水中のゴミはいったいどこからくるのでしょうか？　その答えは活動を続ける中でしだいに分ってきました。

分りやすく清掃する場所を、①陸に接する沿岸部（人が通常行ける場所、港周辺、防波堤など）、②船でしかいけない場所（ダイビングポイント、無人島など）の二ヵ所に分けて考えたとします。すると、①で拾われる物には、空き缶、ペットボトル、ビニール袋類、釣り糸、重りなどが多く、中には、カニを捕獲するための箱型網の仕掛け、釣竿、クーラーＢＯＸ、バケツ、タイヤ、電化製品、バイクや自転車などの大型のゴミも見つかっています。人が近隣に多く生活しているので、ゴミもそれに比例して多量になるのでしょう。

②では、人が簡単に行くことができない分、ゴミの量は減ります。拾われるゴミとしては、サンゴや岩に絡まった釣り糸、重り、そして、どこからか流されてきたであろう、ペットボトル、ビニール類などが多く拾われます。また、水中の洞窟や深いクレバス（岩割れ目）では、ゴミの溜まり方が顕著になり、岩の奥底の潮溜まりの箇所に、ブイやロープの切れ端、網、バケツ、ペットボトル、ビニールなどが、ドバッと溜まっています。

結果分ったことは、水中で拾われるゴミのほぼ99％が、残念ながら、人が陸から持ち込んだものだということです。清掃する場所によって回収されるゴミの種類や量もさまざまですが、身近な生活用品が数多く見られ、回収物の中には残念ながら不法投棄と思われる物もあり、処理の問題から、そこに落ちていると分っていても回収できないものがあるのも事実になります。

これらの実状は、海の上から見ている限り分りません。行政側も認知していないかもしれません。一見美しい海に見えるのですが、海は確実に悲鳴を上げています。現在、ＮＰＯ法人美ら海振興会では、清掃活動をサンゴのモニタリングを行った後や、年数回の掃除日、ダイビングガイド中などに行っています。日々行っているのです。しかし、台風の通過後一つを見ても、川から大量のゴミが海へ流れ込んでいます。とてもゴミの回収量が間に合っているとは思えません。

大切なことは、《一人一人がゴミを出さない》こと。これに尽きます。これを読んでいる皆様も例外ではありません。陸上で悪気無く落としたゴミが、風で飛ばされ川に落ちる、その後、海に流れ出て、サンゴや海底の固定生物に巻きつき、知らず知らずのうちに殺しまうこともあるのです。

「ゴミのポイ捨てをしない」「落ちているゴミを見つけたら拾う」

その基本を皆が理解し守る。ゴミを出さなければ、清掃活動も必要ないのです。それこそが、美ら海を守る一番の近道なのかも知れません。

今からでも遅くはありません！「ゴミ出さない」活動への理解と協力を、そして、一人でも多くの人に、この事を伝えて頂だければと願います。

## 美ら海振興会　事務局長として

私がダイビング業界に入って一五年目。事務局長を務めて、早三年目になります。海の変化と同様に、ＮＰＯ法人美ら海振興会を取巻く環境も日々変化しています。嬉しいことに、近年では賛同していただける個人や企業も増えました。その分、美ら海振興会に求められる期待も大きなものになり、事業も多岐にわたります。そして、ＮＰＯ法人美ら海振興会メンバーの意思統率もこれまでに比べ難しいものになってきました。その間を取り持つのも事務局の大事な役目ですが、発展のスピードにメンバーの意思統一のスピードが追いつかず、困惑している内情があるのも事実です。実際、反応の薄いメンバーも出始めています。

これからの課題としては、増えていくであろうメンバーとの意思統一と、振興会の規律をどのように図るかになります。名を連ねているだけで行動できないメンバーや、他のメンバーに悪影響を与えるメンバーがいるのであれば、脱会を促す。そのくらいの厳しさも、今後は必要になることでしょう。そして、これまであまり表に出ることの無かった、ＮＰＯ法人美ら海振興会の活動に光を当てることも重要な仕事の一つだと考えております。正直、片手間でやるには大変な作業です。しかし「美ら海を取り戻し、未来へ繋ぐ」この大義がメンバー全員の根底にある限り、協力して頑張っていけると信じています。これまでも、そして、これからも。

### ■第四事業部　加藤《かとう》　淳一《じゅんいち》

所属：学校法人ＫＢＣ学園沖縄ペットワールド専門学校主任（那覇市東町一九―二〇）
役職：副会長
統括事業部：陸上清掃事業
事業内容：陸上清掃事業は、他の事業とは異なり、スクーバ・ダイビングという潜水などの特殊な技術を必要とせず、言ってしまえば子供からお年寄りまで、幅広く誰でも参加することが可能です。そのため、環境保護・保全に関心のある方々が積極的に参加していただくことで、より一層、活動の広がりの効果を期待することができます。

陸上清掃事業としての取り組みを紹介したいと思います。

毎月最低一回以上、ＮＰＯ法人美ら海振興会加盟ショップへ呼びかけ、スタッフ・船舶（ダイビングボート）・車両・清掃道具などを提供しあい、加盟ショップの所有するダイビングボートが停泊する港（ナハ北、沿岸、三重城、赤灯台、宜野湾など）や、ダイビング講習などでよく利用するビーチ（奥武島、大度浜海岸など）、ならびにチービシ諸島の一つである、無人島の神山島へ上陸して清掃を行うことなどが主な活動です。そして、清掃活動によって回収したゴミ（海岸漂着物）は、その都度、細かく分類・分別をし、ＮＰＯ法人美ら海振興会にて製作した種類別チェックシートへ記入をした後、データベース化し蓄積してゆきます。

ここで注目したいのが、ゴミ（海岸漂着物）には、沖縄県内（Made in JAPAN）から投棄されたものに混じり、外国からの漂着物が多いことに驚かされます。隣国である中国や韓国のほか、東南アジア諸国、さらには解読不可能な言語の漂着物も含まれることです。ここまで来ると、沖縄県民のモラルがどうのこうの、と言うレベルではなく、海でつながっている地球規模での意識改革が必要になってくると言わざるを得ません。また、ゴミ（海岸漂着物）の中には、医療廃棄物も存在しています。本来であれば、一般廃棄物とは別に特別な手順で廃棄されるべきものが含まれることもあり、危険を伴なうケースもあることを付け加えておきます。

最終的に全ての回収したゴミ（海岸漂着物）は、沖縄本島にある南風原クリーンセンターというゴミ処理施設まで車両にて運びます。ここで運搬に使用する車両も、通常はゴミ運搬専用の車両ではないため、汚れやニオイも注意を払わなければ、後々大変なことになってしまいます。南風原クリーンセンターに持ち込んだゴミ（海岸漂着物）は、所定の場所にて処理をしてもらい、その量により処理費用を支払います。以上のような一連の流れのもと、ＮＰＯ法人美ら海振興会の陸上清掃事業は取り組んでいます。

## 今後の抱負

『コンビニのビニール袋をエサと間違えてウミガメ・イルカが食べてしまったり、釣り人による根がかりした釣り糸がサンゴに絡まったりすることで、結果的に多くの海洋生物を死に追いやられてしまうことを防ぐために』

陸上清掃事業にて、最大の〈敵〉であるゴミ（海岸漂着物）などは、沖縄県民の生活に伴って発生する一般ごみ等に起因するものが多く含まれており、これらは山↓川↓海へとつながる水の流れを通じて発生するため、海岸を有する地域だけではなく、広く海岸漂着物問題への認識を深め、ごみ等の投棄を行わないことが重要だと思います。そのため、海岸漂着物等の対策を実施する上では、その円滑な清掃・回収処理のみならず、効果的な発生抑制や地域関係者間の相互協力が必要です。これらを実現してゆくための重要な施策の一つとして「環境教育」と「普及啓発」があります。

沖縄県内には、自ら海岸漂着物等の清掃・回収や発生抑制に係る取り組み等を行っている公的機関や民間団体等が多数存在し、県民活動の促進のための環境教育や普及啓発活動等への参画を通じて、地域の連携・協働のつなぎ手としての役割を担っています。その旗ふり役として、美ら海振興会が中心となり、環境教育や普及啓発を促進し、沖縄県民の環境保全に対する意識の高揚とモラルの向上を図ることで、自主的・積極的な活動の取り組みが促進されることを期待したいと思います。

## 美ら海振興会　副会長として

私自身、所属先（沖縄ペットワールド専門学校）から一見すると異業種からの参加のようによく思われます。ＮＰＯ法人美ら海振興会の構成・加盟メンバーをみると、大多数はダイビングショップとなりますので、それは当然のことだと言えます。しかしながら、業界が違うことによって、モノの見方および見え方が異なり、利害関係を除外視した中立した立場で意見を述べることができます。また専門学校には学生がいます。マンパワーだけは負けません。清掃活動に積極的に参加させることは、地域貢献や社会人教育の場として有益ですし、学生たちが頑張っている姿を一緒に参加しているスタッフや一般の参加者に見てもらうことで、相乗効果を生み出してゆけるのではないかと考えています。

私自身、スクーバ・ダイビングを始めて約二〇年になります。初めて沖縄を訪れた時は、まだ大学生でした。動物学を専門として学んでいながら、恥ずかしながら、サンゴが動物とも知らずに……。ただただ、その時は沖縄の美ら海のインパクトに圧倒されてしまい、今でも大変強く印象に残っています。それ以降、何度となく沖縄に訪れては、美ら海を楽しんでいましたが、沖縄の海が一変した一九九八年を境に、人生観が大きく変わりました。

沖縄の美ら海のために、私自身ができることは何かを考え抜いた後、いつしかダイビングのプロを目指した際に、プロフェッショナルの第一歩となるダイブマスター講習をして頂いたのが、現在、美ら海振興会の理事をされている當間氏であり、インストラクター講習をして頂いたのが、会長の松井氏でした。これらの出会いも、つながるべくして、必然的な結果だったのではないかと思います。今後も、たくさんの有志と共に次世代へ胸を張って残せる沖縄の美ら海を守ってゆきたいと思います。

**■第五事業部　當間《とうま》　祐介《ゆうすけ》**

所属：サザンアイランダー　ダイブツアーズ（那覇市樋川一―七―一）

役職：理事

統括事業部：安全学習事業

事業内容：「安全」と「学習」の二つの事業を行っています。具体的には「安全」と「学習」がテーマとなる勉強会の機会を、美ら海振興会加盟ショップとそこに従事するスタッフ向けに定期的に設けることができるよう調整をするのが、私の役割です。

「安全」は、主に心肺蘇生（ＣＰＲ）や人工呼吸の方法、ＡＥＤの使用など、日常生活において、いざという時に役立つ応急手当のスキルについての、確実な習得を目的としています。救急救命の現場で活躍されている方を講師に迎えるなどして、年三回ほど、定期的に最新かつ具体的な情報を得る場を作っています。

「学習」は、ダイビングだけでなく、沖縄全般についての知識を得る機会。例えば、沖縄の歴史や文化といった、一見ダイビングとは関係のないことまでも含まれます。その理由は、ダイビングという仕事は接客業であり、サービス業であるからです。

ところで、私たちにとって、万一の場合に備えた「安全」についての取り組みの必要性は誰もが感じるところでしょう。ところが「学習」については、ピンとこない方が多いかもしれませんね。

観光立県・沖縄において、その海に潜るのは、地元ウチナーンチュより圧倒的に県外からの旅行者が多いのが実際です。そこで、旅行で沖縄を訪れ、海を楽しむ人々に、水中以外にもさまざまな沖縄をご紹介できるよう知識や情報を広く深く持っていることは、この仕事に携わる者として、非常に望ましいことです。

沖縄滞在中のお客様の興味にお応えし、旅行そのものの満足度を引き上げることは、次回の沖縄旅行の意欲へとつながり、リピートダイバーを生む。そしてそれが、県経済全体の好循環を促すひとつの要因ともなる……。

と、まぁ、話は大きなところにつながるのですが、美ら海振興会におけるさまざまな活動の中で、特に「学習」事業に力を入れたいと私が手を挙げた理由は、私が「ダイビングを仕事にしたい」と思った中学生の頃に遡ります。

沖縄という土地が大好きで、その海に潜ることが大好きだった私は、いつも「もっと！　もっといろんなことを知りたい！」と、思っていました。高校で海技を学んだ後、リゾート業務とマリンスポーツを学ぶ沖縄の専門学校へと進みました。

そこで、意欲にあふれる私に担任の先生が放った言葉は、今でも忘れることができません。「ダイビングで一生食っていけるわけがないだろ。就職するなら、リゾートホテルに」ダイビングショップ勤務のインストラクターを講師に迎えての、専門学校の授業。矛盾に悩みつつ、それでも私は、子供の頃からの夢に向かって進むことを決めたのでした。

時を経て就職、ダイビングインストラクターとしてお客様と接するようになった私が実感したのは、「お客様と一緒に過ごす時間は、水中よりも、車中・船上など陸上が圧倒的に長い」。つまり、海のことだけを知っていれば接客が叶うというものではない、ということでした。

そんな時、私が沖縄での日々の暮らしの中で何気なく知ったり、興味をもって学んできたさまざまなことが、お客様との会話に役立ち、また、お客様に喜んでいただけたのでした。そのことが嬉しく、自信にもなり、私は改めて、沖縄のことを多方面からよりよく知りたいと思うようになったのです。

さて、ダイビングレジャーの普及と共に、沖縄におけるダイビングショップの数が大幅に増加してくると、そこに働く人たちの社会人としてのマナーや常識が問われるようになりました。一般道路では、業務車両の運転や駐車に関するマナーを一般市民の皆さんが見ています。お客様のホテル送迎の際には、ロビーに立ち入る際の服装や言葉遣いを、フロントスタッフや観光客の皆さんが見ています。

ダイビングはレジャーですが、その提供を職業とする私たちは、レジャーの延長気分であってはいけない。内面も外見も行動も、沖縄における産業のひとつを担う一員であることの自覚をもつべき、と考えます。

沖縄の海の魅力を紹介し、ダイビングの面白さを伝えることができるのは、この仕事の最低条件。加えて、お客様のさまざまな興味に対応できるよう、沖縄についての見聞を広くもつ。そして、おもてなしの気持ちを、行動で広く一般の皆さんにも示すことができる。

これらが揃った時に、ダイビングはひとつの職業・業種として、沖縄県産業の中に立場を得ることができるのではないかと思います。

私が専門学校時代に感じた「ダイビング」と「職業」の矛盾はなくしたい。自分たちの努力によって、ダイビングが当たり前に選択肢のひとつとなれば、未来の沖縄を担う若い人材に、より幅のある生き方をも提示できるのではと考えています。その土壌作りのひとつとして、美ら海振興会加盟ショップおよびスタッフの皆さんと共に「学習」の機会を得たいと考えています。

「安全」に関してもそうですが、情報を共有し、同じステージに立って仕事に取り組んでいる、そんな人材とショップが揃うのが、我が美ら海振興会。そんなイメージが目標です。

「安全」に比べると、漠然としている「学習」は、魅力・興味・必要性を感じてもらえるテーマを企画することが、課題。ウチナーンチュであり「雑学大好き」な自分の嗅覚を駆使して担当事業に取り組み、美ら海振興会を側面から盛り上げ、まとめてゆけるとよいですね。

---

私（松井）と吉崎氏、今回ご紹介した五名にあと七名の理事を加え、合計一四名の理事が、

ＮＰＯ法人美ら海振興会の活動の中心を担っています。

美ら海振興会の事業は、サンゴの植え付け事業をはじめ、水中での事業だけと思われがちですが、陸上事業や安全学習事業などあまり海とは関係のない分野にまで渡っています。自然と海と社会とのつながりを通して、沖縄の海の再生へ、仲間の理事たちが各事業の中核メンバーとなって日々奔走していることをご理解いただけたと思います。

私とは異なり、なかなか表舞台には出てこない理事たちですが、ここで改めて理事の皆さんにも感謝の気持ちを伝えたいです。本当に仲間で良かったと思います。

第二部

# 発展するＮＰＯはどこがちがうか

吉崎　誠二

## 1　美ら海振興会の活動をサポートする企業

### 継続性のあるCSR意識の高まり

美《ちゅ》ら海《うみ》振興会の活動は、公的な助成金や民間企業からのスポンサード資金で成り立っている。美ら海振興会と企業の関係を述べる前に、企業のNPOなどへのスポンサードについて述べておきたい。

日本がバブルと呼ばれた好況期に、多くの企業が文化芸術に対して支援活動を行った。メセナと呼ばれたその頃の支援活動は、いわば「いっぱい儲かったから、その一部を提供する」といった感があった。

景気が悪化し経常利益が少なくなると、企業はこうしたメセナ資金として、NPOや芸術などにお金を提供しなくなった。かつて企業は、野球・サッカーなどの実業団チームを多く抱えていた。しかし、一九九〇年代の後半くらいから、「あの名門実業団野球チームが廃部へ」という報道が増えた。何も生まない（と回りに映る）こうしたチームにお金をかけることはいかがなものか、という風潮に世間が包まれていったのだろう。同様に、音楽・演劇・絵画などへの資金援助は「経営者の見栄」あるいは「道楽」と見られていく。贅沢なものという扱いだ。

私は、決してそうは思わない。こうした活動への支援はその企業イメージを高める効果があるからだ。商品ＣＭを流すほうが、ダイレクトでわかりやすいのであろうが、あまり露骨過ぎると広告効果が薄くなるのではないか。クラシックコンサートへの協賛、交響楽団への協賛、舞台演劇への協賛、絵画展への協賛、こうしたお金の使い方のほうが上品なイメージを世間に植えつけるのではないだろうか。それに、ＣＭなどに比べて費用も格段に安い。

もちろん、実業団スポーツなどは活躍しなければメディアへの露出が少なくなるが、こうした活動のスポンサーは間接的にジワジワと効いてくる広告になるのではないかと思う。また、その会社に勤める従業員、そしてその企業が居を構える地域の一体化につながるのではないかとも思う。自らの勤める会社の名前を冠したチームをみんなで応援する。これは最もシンプルな一体化策ではないだろうか。研修会社に外注して、「組織一体化研修」などにお金をかけるほうが、ダイレクトに効果があるような印象があるのだろうが、はたしてそうなのか？

かつて、企業があるＮＰＯに協賛金を出すことを、（たまたま両者共に知っていたので、仕事ではなく）橋渡ししたことがある。ＮＰＯ側はとても喜んでくれた。そして、その企業向けに活動内容をファイル化した資料にまとめ、期間終了後に報告した。

ＮＰＯの責任者が「次年度もよろしくお願いします」と言うと、経営者は、「申し訳ないが、他の役員から社長の道楽ではないかと指摘されて旗色が悪いんだ」と言われ、一年でスポンサーを降りられた。仕方がないかなと思ったが、こうした考え方が現実なんだろうなとも思った。また、株主の声が経営に反映されるようになったことも影響している。株主の声が経営者に届くことは、もちろんいいことであるのだが、〃物言う株主〃が、短期的な（該当年次だけの）株主利益最大化を強く言うと、「利益を生まないことに金を使うな」という強いメッセージが送られてしまう。

どうも、最近の経営は「短期的利益の追求」、そして「ダイレクトな手法」に偏っているように思える。また、周りの目を意識するあまり、他社が辞めたからウチも辞めよう、などという、周りを意識しすぎた経営になっているのではないか。

## スポンサー企業との関係のあり方

美ら海振興会の活動を支える資金の半分以上は、企業などからのスポンサード資金である。スポンサーとして一〇社を超える企業と財団が活動資金を提供している。

では、どのような考え方で、スポンサー企業と関係を構築しているかを、美ら海振興会のホームページから見てみよう。

環境問題の解決と持続可能な社会の構築をめざす企業さまへ。

美ら海振興会が取り組む沖縄のサンゴ礁の保全及び再生プロジェクトをぜひご支援くださ

い。

「美ら海振興会は、沖縄のサンゴ礁の保全及び再生をめざし活動している特定非営利法人です。

私たちの活動は、全体の三分の一を個人の方々から、三分の二を企業・団体からの任意の資金協力によって支えられています。

近年、企業からは、直接的なご寄付のみならず、販売促進活動を通じて売上げの一定割合のご寄付をいただくケースや、周年行事などのセレモニーにあわせてご協力いただくケースも増えております。個人の活動にはどうしても限度がありますが、企業や団体にご支援いただくことでとても大きな活動につながります。

美ら海振興会では、三年間にのべ一五〇〇人の一般ダイバーにご参加いただき、合計三〇〇〇株のサンゴ植付けを目標にした「イキイキ☆サンゴ大作戦」を展開しております。企業の販売促進活動や社会貢献活動の一環として私たちの活動をご支援いただけると幸いです。

皆さまからの募金は、美ら海振興会がチービシ環礁で実施するサンゴ礁再生プロジェクト……たとえば、サンゴ株の購入代金、タンクのレンタル代、ボートの燃料代、植付け後のモニタリング、メンテナンスにかかわる費用などに大切に使われます。

このように、資金の使い道を明確に示している。

企業が美ら海振興会のようなＮＰＯを支援する目的はどこにあるのだろう。かつてのように、過剰収益の一部を提供するというスタンスではない。初めから予算化されたお金を用意し、どこにスポンサードするかを吟味している。そこには、強い意志が感じられる。「自分たちに変わって、社会的に意義のある活動をして欲しい」というものだ。

従業員の立場に立ってみると、こうした活動を支援している企業に勤めていることに誇りを持つだろう。また、顧客もこうした企業には信頼を寄せ、その発展形として〝企業への尊敬の念〟を抱くことにもなる。

ＣＳ（顧客満足）とＥＳ（従業員満足）をともに得ることができるのだ。

## 美ら海振興会をスポンサードする沖縄企業

美ら海振興会の活動資金をスポンサードしている企業は、二〇一一年度は一一の企業・団体である。そのうち四社は沖縄に本社のある企業である。沖縄を代表する金融機関である琉球銀行、沖縄銀行、沖縄海邦銀行の三社、そして信用情報提供企業である企業情報バンク沖縄（泰斗株式会社）だ。

このうち、泰斗株式会社は創業二年ほどの若い会社だ。企業情報バンク沖縄は地元に密着していることから、全国展開している調査会社に比べ、よりタイムリーな情報あるいは事前予告的な情報を提供しているという。このような企業がどうして、美ら海振興会をスポンサードしているのか、山田泰生社長に聞いてみた。

山田社長は今から四半世紀前に大学進学を期に沖縄に移り住み、以来ずっと沖縄の地に居を構えている。そして、それまで勤めていた同業企業を退職して二〇〇九年に泰斗株式会社を創業させた。

新潟県生まれの山田社長は、自らダイビングをすることはないが、大学生になり初めて沖縄の海を見た時の感動は忘れられないという。その海には世界有数のサンゴ礁が広がっていることに感動したそうだ。

そうした沖縄の自然資産であるサンゴが近年かなり危機的な状況にあることを報道で知り、嘆かわしいと思ったという。また、地元沖縄生まれの人（うちなんちゅー）は、身近にある海にあまり関心がないんじゃないかとも。これは、本土出身で沖縄に住まわれている多くの人が言うことである。

山田社長は考えた。自分にできることは何か？

そんなときに美ら海振興会の活動を知った。サンゴの保全活動は、他にもいくつかの団体が行っていることも知ったが、現役ダイバー、インストラクターが中心となって活動していることと、サンゴの植え付け活動だけでなく、周辺海岸や無人島海岸の清掃など、その活動範囲の幅広さから、美ら海振興会のスポンサーになろうと思ったという。

とはいっても、創業間もない会社であり、提供できる資金は限られている。美ら海振興会のホームページを見てみると、誰でも知っている著名な企業がスポンサー一覧にずらりと並んでいる。ちょっと気持ちがひるんだようだが、松井会長と相談し、無理のない範囲でスポンサー資金を提供することとなった。

大企業だけでなく、こうした創業間もない中小零細企業も無理なく資金を提供できる環境を作ることは、ＮＰＯとスポンサー企業の関係づくりにおいてとても重要なことだと思う。

このようなことにお金を使える中小企業経営者は少ないだろう。目に見える、即効性のあるものに限りある資金を使おうとするからだ。しかし、企業経営における資金の使い方の原則は、長期的視点と短期的視点のバランスをうまくとることだ。顕著な例として、人材の採用が挙げられる。人材の採用こそ企業にとっては最大の投資の一つだ。発展しない企業は、目先のことを考えて、すぐ戦力となる中途採用ばかりを採用する。発展している企業は、たとえ少しでもいいから新卒やそれに近い若手を採用し、数年のスパンで経営を考えている。

ＮＰＯなどをスポンサードすることは即効性のある販促策ではないが、そこから評判が広がり業績拡大につながるだけでなく、従業員の心の満足、人脈の構築などの可能性も大きい。

経営コンサルタントとして、多くの企業を見てきたが、長期と短期の、このバランス感覚がある企業経営者が自らの企業を発展させることができている。

また、たとえ少額かもしれないが、多くの企業が資金提供して支えるという状態は、ＮＰＯの活動資金の安定の面からも良い。大企業数社から提供されている大きな金額を活動原資としていると、一社がスポンサーを降りただけでも影響はかなり大きくなる。時には活動内容を変更せざるをえなくなることもあるかもしれない。これではＮＰＯ側のリスクが大きい。

その他の在沖縄企業でスポンサードしている企業の概要を簡単に記しておく。

◎琉球銀行（東証一部上場企業）

◎沖縄銀行（東証一部上場企業）

ともに沖縄県を代表する地銀の一つである。本土の都市銀行（現在はメガバンク）の進出を、行政府が事実上制限してきたため、琉球銀行と沖縄銀行は沖縄経済・沖縄企業を支える存在を担ってきた。両行とも沖縄県では数少ない一部上場企業。

◎沖縄海邦銀行

沖縄県の第二地方銀行。沖地域密着の独自の強みを持つ。

二〇一一年度のスポンサー協力企業のうち在沖縄企業は、これら三社と泰斗株式会社を含めた四社である。

沖縄において、こうしたスポンサー活動（美ら海振興会だけでなく）を行っている企業は、いつも決まっている感がある。新聞社・電力会社・銀行・地元ゼネコンなどだ。沖縄の企業構成は、復帰前からある半公的企業といえるようないくつかの巨大企業と、あまたの零細企業から成り立っているという現状だからだろう。

また、日本企業は、こうしたＮＰＯや芸術・スポーツなどへのスポンサーをあまり積極的に行っていない。欧米企業と比べるとその差は大きい。東京に本社を構える企業でさえ、やっとこうした活動に力を入れ始めた状況で、在沖縄企業も意識変化するのはもうしばらく先かもしれない。

## 美ら海振興会を支える本土企業

二〇一一年度のスポンサー協力企業のうち、本土（本州・九州・四国）に本社を構える企業は、トヨタ自動車、三井物産、日野自動車、ノーヴァ・アソシエイツ、ゼロプロジェクト、一丸ファルコスの各社だ。

他にも、企業ではないが、NPOなどを資金的に支援する、日本財団やコンサベーションアライアンスジャパンなどからの支援も受けている。

民間企業の資金援助には、大きく分けて二パターンある。

企業がNPOなどへの資金援助を公募し、その中で選ばれた団体が資金提供を受ける、という形式で美ら海振興会が選ばれたケース。

もうひとつが、美ら海振興会加盟ダイビングショップの顧客の縁故でスポンサーシップを受けるパターン。

私も何人もお会いしたことがあるが、企業経営者にダイビング愛好者は多い。こうした人々が、個人ではなく企業として資金提供されることもある。

たいていはこのどちらかだ。

## なぜ、美ら海振興会へのスポンサード問い合わせは増えているのか？

ここ数年、活動内容が認められてきたのか、知名度が上がったのか、告知方法がうまくなったのか、そのいずれかはわからないが（それら両方だと信じたいが）、美ら海振興会へのスポンサードに関する問い合わせが増えてきている。

世界的なトレンドとして、自然環境の破壊、環境保全活動への企業の関心は年々高まる一方だ。これは、日本においても同様だ。また近年、社会貢献への力の入れ具合は、企業の評判に直結している。日本では、とくに環境問題に積極的に取り組む企業の評判がいいようだ。こうした傾向も影響しているのかもしれない。

先に述べたように、美ら海振興会を支える企業は、日本を代表する著名企業、沖縄を代表する三つの銀行から、創業間もない企業まで、実に幅広い。大手企業も前例があるから安心して援助の検討ができるし、中小企業も臆せずにスポンサー企業として名乗りを挙げることができる状態といえよう。これも問い合わせが増えている要因だろう。

美ら海振興会がスポンサー企業に提供できることは、次のようなことである（年によって違いはある）。

①美ら海振興会ホームページに企業名とロゴを掲載する
②美ら海振興会の横断幕にロゴを入れる
③サンゴ植え付けイベントの際に企業名を告知する

この先、他にどんなことができるかを検討している。

スポンサーシップに関する問い合わせは、０９８―８６１―１４２５（シーマックス　松井）に電話か、もしくは、info@churaumishinkokai.com まで連絡していただきたい。よほどの例外を除いて、スポンサー企業に特別な条件を提示していないので、どんどん問い合わせていただくとよいだろう。

スポンサー企業との対応は、会長の松井氏が行っている。松井氏は日本を代表する著名ダイビングインストラクターである（ＰＡＤＩ　二〇〇九年最優秀コースディレクター賞受賞、二〇〇八年・二〇一〇年は第二位）。その松井氏は、ウエットスーツを脱ぎ、スーツを着て企業の広報担当者と交渉を行っている。

現在、二〇社に満たない企業や団体がスポンサー資金を提供しているが、この数が倍に増えると、さすがに松井氏だけで交渉を担うのは難しくなるだろう。

こうしたことも、美ら海振興会の課題だ。

## 変わるＮＰＯ法——寄付が増える

二〇一一年の通常国会で、ＮＰＯ法改正法案が成立した。その改正法では、関連の税制改正も実現し、これにより、ＮＰＯなどへの寄付が大きし増えると見込まれている。

朝日新聞（二〇一一年九月三日）によると、ＮＰＯ法人は現在四万二〇〇〇団体超あるが、そのうち寄付する側が減税のメリットを受けられる団体は二〇〇余りしかない。条件がかなり厳しいからだ。今回の改正は、そのハードルを下げようというものだ。企業が、ＮＰＯにスポンサー資金を提供した際にその金額分が減税対象になる、こうしたＮＰＯ団体がかなり増えるということだ。この措置は、二〇一一年一月にさかのぼって適用されることになった。

これは、企業から税金という形で吸い上げ、行政やその外郭団体が補助金という形で配る、という制度を打ち破るきっかけにつながるのではないか、という。

税金を取られ、どのように使われるかお金の行く先がわからない状況から、使われ方を自分の意思で決められるようになる、というとおおげさだろうか？

いずれにせよ、今回のＮＰＯ法改正は、資金援助する側に大きなメリットがある。もちろん、それはＮＰＯにとってみれば、スポンサー資金が増える可能性が大いにあるということで、とても歓迎されることだ。どうして、もっと早く、という思いがないわけでないが。

## 個人からのスポンサー資金はサンゴ株の購入資金に

ここまで、企業や団体からのスポンサーシップについて述べてきた。

美ら海振興会の活動資金の約30％は個人からのスポンサー資金だ。ダイバーとして海に潜る人だけでなく、活動内容に賛同された、海には潜らない人々からの援助もある。

個人からの援助資金は、特別な申し出のない限り、サンゴの植え付け活動（サンゴ株の購入資金）に当てられている。

以下は、美ら海振興会のホームページに掲載されている文章を抜粋したものだ。

ダイバーもノンダイバーも一緒になって美ら海を守ろう。

個人の方々は、「美ら海パーソナル・スポンサーシップ」にご協力をお願いいたします。

美ら海パーソナル・スポンサーシップは、ダイバー・ノンダイバーにかかわらず、沖縄のサンゴ礁の保全及び再生をめざす美ら海振興会の活動趣旨に賛同してくださった個人の方々に賛助していただく支援プログラムです。

皆さまからの募金は、サンゴの植付け活動（四〇〇〇円／一株）に役立てられ、美ら海振興会に加盟するダイビングサービスのスタッフが責任をもって植付けさせていただきます。

サンゴの再生活動は、長期にわたるものです。皆さまからの継続したご支援が、なにより大きな力となります。美ら海パーソナル・スポンサーシップは、毎年四〇〇〇円からの継続支援、ご支援期間は自由です。ぜひご協力をお願いいたします。美ら海振興会は、皆さまからのあたたかいご支援をお待ちしております。

支援金額は四〇〇〇円からで、支援期間は特に定めていない。

加盟各ダイビングショップで担当したインストラクターから、美ら海振興会の活動内容を聞き、ダイビング終了後、支援金を各お店に納めていかれる人が多いようだ。きれいで幻想的なサンゴを見て、それらを保全するために、自分のできる範囲で活動の資金を援助していただける、そんなダイバー達の暖かい心に感謝したい。

## ２　発展するＮＰＯに必要なこと——ミッションとリーダー

### 美ら海振興会の組織体制

　美ら海振興会の組織体制は、下図のようになっている。

　かつてＮＰＯの活動については、そのほとんどは松井会長を中心に行われてきた。しかし、二〇一〇年から主な活動を、①サンゴの植え付け事業、②水中駆除事業、③水中清掃事業、④陸上清掃事業、⑤安全学習事業の五つに分けて、その各タスクフォースに責任者（理事）を配置した。各分野の責任者は全員理事が就任した。また、広報などの後方支援的なタスクフォースも存在している。

　これにより、理事たちは自覚を持って担当する分野の活

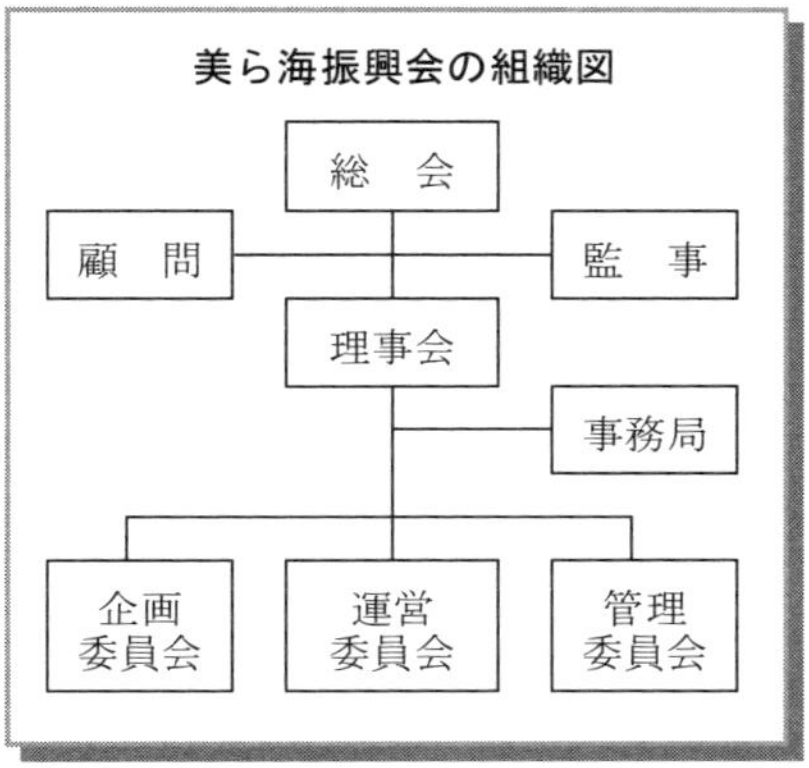

動を推進するようになった。ただ単に組織の中心的な目立つ存在だから理事として存在するのではなく、ＮＰＯのために与えられた役割を遂行する理事としての活躍を求めたのである。この改革はまだ一年ちょっとしか経ていないが、大きな成果を上げているといっていいだろう。

発足時からＮＰＯの顔である会長職は松井氏が就任している。会長を補佐する副会長は、一年前に交代し、新たに加藤淳一氏と水野彰人氏が就任。また事務局長は発足時から福田順一郎氏が担い、事務的な側面から松井会長を支えている。事務局長は、理事会・総会の開催の告知、当日の運営、議事録など書類の整備など、その業務内容は多岐にわたる。もう少し大きな規模のＮＰＯであるならば、専任事務スタッフを配置すべきなのだろうが、まだそこまでには至っていない。

## ＮＰＯにおける理想的リーダー

さて、会を取りまとめるリーダーであるが、これはＮＰＯ法人美ら海振興会では「会長」という名称となっている。ＮＰＯ法人設立のきっかけを作り、周囲に声をかけ、設立準備作業を行った、会の象徴（シンボル）としての存在である。

言うまでもなく、ＮＰＯにおいて、牽引するリーダーの存在はかなり大きい。もしかすると、民間企業よりもその存在は重要なのかもしれない。発展するＮＰＯには必ず、カリスマ的なリーダーがいる。ＮＰＯのリーダーは、一般企業の経営者（トップ）とは、異なった苦難がある。職業柄、これまで多くの経営者、創業者と会い、その苦難の話を聞いた。どうも、ＮＰＯのリーダーの悩みとは異なっているようだ。しかし、ＮＰＯのリーダーには企業のリーダーと異なる難しさがある。

まずなんといっても、資金力のなさだ。従業員にお金を支払って働いてもらうわけではない。大きなお金を動かして何かする、そしてその実権をリーダーが持っているという状況は、一般的なＮＰＯではほとんど見られない。

また、加盟者の意思によるつながりで組織が結びついているから、その関係は時にもろいものと言えよう。しかし、お金ではない結びつき、ひとつの目標に向かうための結束は逆に言えば強いのかもしれないが。いずれにせよ、難しさがあるのだ。

そのためには、松井氏のように、自分自身が考えているミッション（使命・志）とＮＰＯのミッション（目標）が同一化していることが求められる。

そうでなければ、ＮＰＯ活動を通じて給与が入ってくるわけでもないのに、多くの時間を費やし、また時に責任者として周囲（内外）からの批判にさらされることになり、組織内で一番の苦労を背負うことになる。「指名されたから引き受けた」では絶対に務まらない立場である。言い方を変えると、割に合わない、と言えよう。

逆の考え方に立つと、自らの人生をかけて成し遂げたいことを、公に宣言し、それに賛同してくれる人々が集まり、それらの人々と共に大志を遂げるための活動をする、極めて恵まれた立場とも言える。要は、どういう意思でその立場になるかなのだ。

日本におけるリーダー（経営者・政治家・ＮＰＯリーダーなど）職は、日本人古来の「和をもって貴しとなす」という、組織全体の調和を図るという考え方に悩むことが多い。本来、リーダー職にあるものは合議的に進むべき道を決めるのではなく、自分の決めたことに対し「俺についてこい」的スタンスでないと務まらないのではないか。しかし、日本人はそれを許さない傾向にある。事前に根回しを行い……などという、ややこしい儀式が必要だ。

しかし、急成長企業の多くがそうであるように、超ワンマンな経営者が、なんでも一人で決めてブレーン達にそれらを遂行させるスタイルのほうが発展しやすい。とくに組織が数百人以下の場合は、これは絶対的に言える。

組織が大きくなれば、ボトムアップ型、全員参加型などの合議的な、高度な意思決定方法もあるだろう。しかし、マネジメントの父ドラッカーも言っているように、このスタイルはレベルが高くなり実現性に乏しいスタイルだ。

しかし、そうしないリーダーがとても多い。

では、なぜそれを行わないのか？

それは、リーダー一人で責任を負うことを恐れているからに他ならない。みんなで決めたことだから、何かあっても、私ひとりの責任ではない、という意識からだ。

こうした、リーダーの腰の引けたスタンスをメンバー達は見ている。そして、この人についていって大丈夫だろうか、という思いが駆け巡る。

リーダーにはリスクを一人で背負う覚悟が必要だ。出世もお金も手に入れることができないＮＰＯで、そこまでできるのはリーダー個人の志とＮＰＯのミッションが合致している時に限られるのではないだろうか。

美ら海振興会のミッションは、いたってシンプルだ。

**沖縄の海の環境保全と環境改善**
**ダイビング事業者の社会的地位の確立**
**そしてマリンレジャーの安全と対策**

このミッションを、全てのＮＰＯメンバーは自らの使命としている。

## ＮＰＯの最重要ポイントであるミッション

まちがいなく、この〈ミッション〉こそ、ＮＰＯ運営の最大のキーポイントだ。本来企業経営においても、近年ミッション型経営などという言葉が広がった。本来企業のミッシ企業のミッションは言うまでもなく、企業利益の最大化、株主への利益還元……などという収益の最大化である。しかし、そうしたこと以外に、従業員が顧客に対して何を提供するか、何をコミットメントするか、などを前面に出したものがここでいう〈ミッション〉で、それにより、会社・顧客・従業員というトライアングルが強固のものとなるという経営者手法だ。その中に「（地域）社会」を加えた考え方もある。

　ＮＰＯの場合、その名前のとおりNon Profitであり、利益追求を行わない組織であるから、企業における「言うまでもない使命＝利益追求」がないから、社会に対しミッションを宣言しなければ、その存在価値は薄くなる。

ある書籍に、ＮＰＯは「パッションからミッションへの切り替えが大切」とあった。上手い表現だな、思った。

ＮＰＯ設立前夜、仲間たちと酒を酌み交わしながら、熱き思いを語りあう。この光景は美ら海振興会にもあった。この状態はまだ、〈パッション（情熱）〉なのだ。それを、具体的な形に明文化して初めて〈ミッション〉に変わる。

ＮＰＯの存在価値の源泉であるミッションであるから、その中身は不変的なものである必要がある。

企業におけるミッションは、「変わらないもの」と「変わるもの」に分類されるのが一般的である。企業は収益最大化を目指すことが根源的な存在価値であるから、それに適さないミッションは時に排除されていく。しかし、創業原点のような受け継がれる考え方などは「変わらないもの」として、ミッションの一項目であり続ける。

一方、ＮＰＯはそのミッションの実現のために設立された組織であるから、おいそれとは、ミッションは変更されない。時流適応のために、若干の修正が入ったり、新たに付け加えられる程度であるべきだ。安易なミッションの変更は、組織結束力の弱体化につながる。これはとても重要なポイントである。

ＮＰＯ組織にとって、ミッションは〈きれいごと〉でもなく〈お題目〉でもない。掲げたことを実現するために存在しているのだ。そのことを通じて社会を変えたいと思っていることなのだ。

もちろん、資金援助するスポンサー企業もこの要素を重要視する。どの団体に援助するかを検討する際、最初に確認することは、どのようなミッションを掲げたＮＰＯかを見極めることだ。そして、活動内容はどうか？　活動実態はどうなっているのか？　を見定める。

このように、あらゆる点からＮＰＯにとってミッションを明確にすることは重要だ。

## ＮＰＯ法人は積極的な広報活動が必要

私は二〇〇九年に美ら海振興会の理事になった。初めの頃、自分に何ができるかを考えていたが、何を期待されているかを考えたほうがよさそうだと考えた。この組織の弱いところを補うことと自分のできることに交わりがあればいいのだろう。私は、この美ら海振興会というＮＰＯを多くの人々に広めることを、自分の使命の一つにしようと考えた。

美ら海振興会と同じように、「海やサンゴを守る」ことを一義に掲げるＮＰＯは沖縄にもいくつもある。その中には、芸能人も活動に加わっている団体、大手企業がスポンサーだけでなくタイアップの一環としてその団体活動を支えているものもある。こうした団体はそれなりの知名度がある。

しかし、美ら海振興会の場合、定期的な無人島清掃活動や海岸清掃活動、設立以来毎年続けているサンゴの植え付け活動など活動内容がしっかりとしており、また、役割分担の整備、理事会・総会の定期開催など組織としての骨組みがしっかりとしているにもかかわらず、知名度がそれほど高くない。松井氏をはじめとして、理事として会をリードするメンバーの多くがダイビングショップの経営者もしくは経営幹部だからだろう。会の運営で精一杯なのか、それともいわゆる広報活動と呼ばれることが不得手なのか、そこまで時間的余裕がないからなのか、いずれにせよ、積極的な広報活動・プロモーション活動がなされていなかった。

一般的に、自分たちの活動を積極的にアピールするＮＰＯは少ないのではないか、と思う。「自らが信じる活動を誠心誠意行っていると、きっとその活動は誰かが見てくれるはずだ」という考えが一般的に思える。極端に言うと、「自分たちの活動をアピールすることは、なんとなく恥ずかしい行為」と思っているのではないか。目立たないほうがいいという、ふた昔前のような昭和の考え方だ。

しかし本来、ＮＰＯは、自分たちの行っている活動を広く伝えるべきだ。

多くの人々に、①どんな思いで活動しているのか、②どういった活動をしているのか、③どんな組織になっているか。どんなメンバーが参加しているのか。これらを積極的に発信していくべきだ。こうした発信力の差はＮＰＯの発展に大きな差を生んでいる。賛同してくれる人がいれば、我々を応援してくれるだろう、あるいは活動に参加してくれるだろう、という受け身のスタンスではなく、ある種の啓蒙活動に近い感覚が必要だと強く感じている。

活動の目立つ（名前の知られた）ＮＰＯは、自分たちの思いを（時に押し付けるように）、積極的にアピールしている。それは啓蒙活動と言っていいだろう。

話を戻すと、理事になった時、このようなことに取り組んでいこうと思った。それから二年。少しは進歩したとは思うが、まだまだこれからだ。

松井氏も述べているが、沖縄のサンゴを守るためのダイビングショップへの啓蒙活動は徐々に進んでおり、その成果も確実に出ていると思う。那覇に本拠を構えるダイビングショップだけでなく、離島に構えるダイビングショップにも、思いが広く浸透し始めているということを、理事を中心に感じているのではないだろうか。

しかし、もっと一般ダイバーにも広める必要があると思う。さらにダイビングはしないけれども、マリンレジャーは多くの人々が行うわけであるから、そういった人々にも広めることができれば理想的だ。

一般的に、ファンダイビングはどこかのダイビングショップのインストラクターと行うから、ダイビングショップを巻き込めば、一般ダイバーに伝わるのかもしれない。しかし、それだけでなく直接的な啓蒙活動を行いたいものだ。

もちろん、この本もそうした「思いを伝える活動」の一環である。

## ホームページによる発信

思いや活動内容を広く告知する方法は、いろいろとある。会報誌のようなものを作成する、各種媒体に寄稿する、マスコミに取り上げてもらうように仕掛けるなど多岐にわたる。しかし、一番安価で手っ取り早い方法はホームページを活用することだ。

美ら海振興会は、設立当時からホームページでの発信を行ってきた。現在のホームページは二〇〇九年にリニューアルしたものだ。

それまでのものに比べて、格段に盛り込まれている内容が増えた。そして、以前のものに比べて見やすく親しみを持てるものになった。

主なコンテンツは、①設立理念、②どんな想いで活動しているか、③メインの活動であるサンゴ礁再生プログラム・サンゴ植え付け、④水中・陸上清掃活動、⑤加盟ショップの紹介、⑥組織体制、⑦スポンサードについて、⑧サンゴの生態などの説明、⑨メディア登場実績、などである。

このホームページの中にある二〇年前の色鮮やかでお花畑のようなサンゴの写真と、白化したサンゴの写真を見て欲しい。多くの人がこの写真を見て、「えっ。こんなにも、ちがうの？昔はこんなにいろんな色とりどりのサンゴだったんだ！」と驚くという。もちろんすべてなくなったわけではないから、いまでもこうした色鮮やかなサンゴ畑は見られる、それがだんだん減ってきているのだ。オニヒトデの駆除はもちろん、さまざまな手段で、こうした流れを食い止めようとした。しかし、どれも大きな効果がなかった。そして、サンゴを植えるしかないな、ということになったのだ。

理事が関わっているショップとは、相互リンクがなされている。お互いを行き来するユーザーも多いようだ。たいていのダイビングショップは、顧客とのダイビングの様子をＢＬＯＧに書き綴っている。言うまでもなく、こうした日々の更新はホームページを活性化させる。逆に動きのない（いつみても代わり映えのない）ホームページを訪れる人はだんだん減っていく。

美ら海振興会もＢＬＯＧを開設して、顧客が植えつけたサンゴの様子などを書いているが、いつも更新できているわけではない。毎日とは言わぬまでも、頻繁に更新されないブログは、だんだん訪問者が減っていくことはわかりきったことだ。これからの課題であるのだが、専任者を置いていないのでなかなか難しいのだ。専門職員を雇うか、ボランティアを募るなどして、改善に努めなければならない。

## マスコミとの関係を強化

現在、有名になっているＮＰＯの多くは、組織が小さな頃からマスコミをうまく利用してきたところが多い。初めは、活動内容がメディアの目にとまり、取材を受けたことから始まったのだろうが、その後は団体のほうから記事を投稿したり、記者に直接連絡したりして、活動や団体名が露出する努力をしている。

メディアは、常におもしろい（読者が興味を持つ）ネタを探している。多くのＮＰＯの活動は社会性の高いものであるから、こうしたネタは記者が飛びつきやすい。

美ら海振興会の活動は、いわば環境問題への取り組みで、こうした内容は特に大手新聞社などは好きなネタだ。ある全国新聞社の記者に聞いた話であるが、教育・環境・福祉などは最も重視してウオッチしているという。確かにこうしたネタでの特集ページは多い。

美ら海振興会の対メディア向けの取り組みはまだ始まったばかりだ。これまで何度か地元紙に取り上げられてきたが、まだまだ目立った取り上げられかたではない。

仕事柄、マスコミから取材されたり、個人的なお付き合いをしたりしている。みな一様に、

韓国のテレビの取材を受ける

読者に興味を引くネタはないかと探している。そして、一度親しくなると、いいお付き合いをしていただける。美ら海振興会でもそのような密度の濃いお付き合いをしなければならない。

美ら海振興会の活動は、国内のメディアだけでなく海外のテレビにも取り上げられている。

こうした取り組みをさらに強化することは、これからの課題だ。

言うまでもなく、メディアへの露出は活動を応援しているスポンサー企業への貢献となる。資金提供している企業・個人にとって、応援する団体がメディアに取り上げられると、喜ばしい気分になることはまちがいない。

多くの人々に活動内容が支持され、末永く愛されるNPO団体でありたい。そのためにも、これからの美ら海振興会は広報活動にさらに力を入れるだろう。

## 活動を告知することがスポンサー資金集めにつながる

もちろん、名前の売れた団体ほど、活動に対するスポンサー資金を集めやすくなる。名前が売れているＮＰＯ＝しっかりと活動しているという構図をイメージできるからだ。

　資金提供をする企業も、何をしているかわかりにくい団体を援助するよりも、その活動の評価が定まっている団体への資金提供のほうが、意義を持たせやすい。

　そのためにも、ＮＰＯ団体は自らの活動を積極的に発信すべきで、発信力の差は、スポンサー資金集めの差につながっていく。

　これは、何もＮＰＯだけに限ったことではない。企業にも言えることだ。さらに、ソーシャルメディアが盛んになり、個人も発信力の時代だと言う人もいる。フェイスブック、ツイッター、ミクシィなどのソーシャルメディアの利用者が倍々ゲームで増え、ＢＬＯＧなど個人が自分の日々の行動や見解を述べるステージもたくさん用意されている。

　マス媒体だけがメディアでなく、マスメディアに所属する人だけが記者でなく、不特定多数へ情報を誰でも発信できるようになった。ある意味、難関試験を突破しなくても誰でもが記者になれる時代になった。こうしたメディアは常に双方向で、一方的に情報を発信するものでなく、即時に受けとめた側からのレスポンスもある。すでに、特定の（時代の先端を行く）人々だけが使うものではなく、多くの企業・団体・個人が活用して発信している。

　こうした「ソーシャルメディアをどう使うか」みたいな本が書店で大量に売られている。「企業が販促にどう使うか」、「どう売上拡大につなげるか」といったタイトルの本が多く見られるが、ＳＮＳはテクニックよりも、いかにマメにその世界とつながるか、マメに発信するかが決め手だ。

人が多く集まるところに、お金は集まる。これは不変的原則だ。NPOは活動内容にこだわるだけでなく、いかに多くの人々にその存在と活動内容を知ってもらうかが重要だ。

著書を数冊出している知人が、こんなことを言っていた。

「今の時代、〈検索して出てこない〉は〈世の中に存在していない〉という風に考えたほうがいい」

なかなか過激な発言だが、かなり的を射ていると思う。

一般的なNPO法人は、会費などの収入が三割、助成金などが三割、企業や個人からのスポンサード資金が四割くらいで運営されているという。こう考えると、「広報活動なくしてNPO法人の存続なし」と言っていいだろう。

積極的に広報活動を行うことは、美ら海振興会の課題の一つである。海外の大きなNPOでは(もしかすると日本でも?)、広告代理店を使って、スポンサー資金を集めているそうだ。いつの日か、美ら海振興会も広告代理店の方からアプローチが来るかもしれない。

美ら海振興会の活動は、正式なNPO法人となってからまだ四年しか経過していない。任意団体として清掃活動していたころからでも約一〇年だ。

しかし、短期間の間に、活動に共感し団体に加盟するショップ、企業などはかなり増えた。そして、スポンサー企業も、資金も少しずつではあるが増えてきた。

もちろん、時代の後押し、環境保全のトレンドというものもあっただろう。しかし、ミッションを明確にし、行動してきたから、と言ってもいいだろう。

定期的な海岸清掃・無人島清掃では、おびただしい数のゴミが回収される。慶良間の海のサンゴはかつてのお花畑のような光景からは依然程遠い。

こうした現状を少しでも改善し、サンゴいっぱいの海に戻すために、美ら海振興会は活動を続けていかねばならない。

参考資料

「沖縄振興計画」（平成一四年度）

「海洋観光資源の利活用方策に関する調査報告書」（平成一四年度）沖縄総合事務局

「潜水の世界：人はどこまで潜れるか」池田知純著、大修館書店、二〇〇二年

「沖縄県ダイビング業界実態把握調査報告書」（平成二一年度）

「沖縄で思いっきりダイビングを楽しんでもらうための安全対策マニュアル２０１１」（平成二三年度）

「マリンダイビング：魅惑の海底散歩」（水中造形センター）

「美ら海のしおり」美ら海振興会、平成一八年度

「ＰＡＤＩ−ＡＷＡＲＥサンゴ礁の保護インストラクターアウトライン」

「慶良間地域エコツーリズム推進全体構想」渡嘉敷村・座間味村、二〇〇八年

「平成二二年国勢調査速報」

このほか、国際サンゴ礁研究・モニタリングセンター、ＰＡＤＩ、琉球新報、沖縄県、観光庁のホームページを参考とした。

# おわりに

松井さとし

## 沖縄の海の現状

私は沖縄で生まれ、沖縄で育ち、沖縄の気候に慣れ親しんできました。
沖縄の海は二〇年前と比較すると、著しい速さで元気がなくなっています。それは、一九九〇年代中頃から始まった地球温暖化により、沖縄の真夏時の平均海水温度が上昇し、沖縄の海の至るところでサンゴの白化現象が発生したことが原因の一つとしていわれています。また、ほぼ同時期にオニヒトデが大量発生したことも加わり、ダイビングポイントと呼ばれるエリアではほとんどのサンゴが死滅する異常事態となりました。

この時の白化現象は、沖縄だけでなく太平洋、インド洋、紅海、ペルシャ湾、地中海、カリブ海沿岸の、少なくとも三二ヵ国で起きたと聞いています。私がこの状況を目の当たりにした時、今までに感じたことがない危機感と、ものすごい衝撃が体を襲ったのを今でも覚えています。

初めてダイビングしたのは、今から二四年前、一八歳の頃です。その当時、沖縄のキレイな海の強烈な印象の記憶はなく、子供の頃から見慣れてきた沖縄の海が、美しいなんてことは、あまりにも当たり前過ぎて、特別な感動は全くありませんでした。ダイビングへの特別な想いも残念ながらその当時はありませんでした。初めてのダイビングから数年間で、次々とダイビングのステップアップができる環境が整い、気が付いたらダイビングSHOPで働ける資格まで取得していましたが、その時点では、ダイビング業界で働く気持ちはありませんでした。どちらかというと興味は沖縄の外へ向いていました。

「沖縄を出て自分の可能性にチャレンジしたい」

気持ちの赴くまま新天地、東京へ向かいました。しかし、東京での生活は沖縄で描いていたほど華やかものではありませんでした（私だけだと思いますが……）。生活するために職を転々としましたが、どれ一つ、まっとうに働いていなかったように思います。生活するだけの毎日、夢の街、東京での生活は島国育ちの私にとってはとても馴染める場所ではなかったのですね。「ここに居てもダメだ、沖縄に帰ろう」。そう想い、数年間の東京生活に見切りをつけ、沖縄に戻ってきました。沖縄へ戻ってはきましたが、ダイビング業界で働くつもりはこの時点でもありませんでした。ダイビングへの興味がさほどなかったのが正直な気持ちだったのかもしれません。

でも、運命のいたずらですかね？　それは一九九三年頃のこと。別の仕事をしていた私に、私の妹を介して知人が「ダイビングSHOPのスタッフとして働かないか」と声をかけてくれたのです。私は軽い気持ちでオーケーしました。こうして、私が沖縄のダイビング業界にお世話になる機会が巡ってきたのです。

沖縄へ戻り、仕事で潜り始めた当初は、しばらく潜っていなかったこともあり、仕事やダイビングに慣れることに精いっぱいで、変化を感じ取る余裕もなく、以前の沖縄の海との違いや変化に目をやる心の余裕さえもありませんでした。しかし、仕事やダイビングに慣れ、気持ち的にもようやく余裕を持てるようになってきた頃、突然ハッとしました。ゲストを連れて潜っていたダイビングポイントが、日を追うごとに変化していくのに気付くようになったのです。大きな違和感を覚えました。この違和感はなんだ？　明らかに何かが違う。異様な不快感と言ってもいい感覚がありました。

その変化とは、沖縄の海が日に日に汚れていくような悲惨な光景であり、何とも言い難いその様子が日々、胸の中で大きく引っかかっていましたが、当時は具体的に何をどうしたら良いのかも分からず、空しい日々を送る毎日でした。ちょうどその頃、働いていたダイビングショップから独立開業し、ダイビングＳＨＯＰのオーナー兼店長となり、経営者の道を進むことになりました。

当時、沖縄本島のダイビング事業者は、私と同世代のダイビングＳＨＯＰのオーナーやスタッフが多くなっていました。年齢が近いということもあり、そんな仲間と頻繁に酒などを酌み交わす機会が増えていきました。話題は専ら沖縄の海に関することが中心で、その中でもダイバー達が活動を行っている、オニヒトデの駆除の話や、水中の清掃活動のことを話す機会が多く、せっかく清掃や駆除活動を実施しても、ちょっと時間が経つとあっという間に元の状態に戻ってしまう。イタチごっこのような活動を行っている自分達への憂いと無力さを感じ、こうしている間にも海がどんどん元気をなくしていくことに対する嘆きが話の中心でした。深刻な状況に置かれている沖縄の海の現状を、誰もが認識している証拠でもありました。

何とかしなければいけない、自分たちでできることはないのか？　あれこれ考えるだけでなく、とにかく自分たちができること、自分たちだからできることをやろう。元気があった沖縄のキレイな海を取り戻すために。こうして沖縄で生まれ海を見て育ってきた、ウチナーンチュ三人（當間祐介、山田幸村、私）が集まり、活動をスタートさせました。「自分達にできることから一つ一つ」を合言葉に。

## NPO法人　美ら海振興会のビジョン

沖縄の海に潜り始めて、はや二十数年が過ぎました。現在、活動を共にしてくれているメンバーの大半はここ五、六年前に沖縄に来たばかりで、二〇年前の沖縄の海を知らないスタッフがほとんどです。当時の海の中はお花畑で一杯のような風景が広がっていたのに、今は存在しないあのキレイな海を見たことがないメンバーにどう伝えていくのか。非常に難しいことですが、二〇年前がどれだけキレイだったのかを言葉で具体的に一つ一つ伝え、活動の主体となる五つの事業に毎期目標を立て計画的に遂行していくことが、もう一度、あの海をよみがえらせる方法だと信じ活動をすることが美ら海振興会の使命であり、存在する意義だと思っています。

そして一人でも多くのダイバーや、まだ潜ったことがない人達に環境問題に関心を持ってもらう機会を創出し、一人でも多くの人達に美ら海振興会の活動に賛同をいただき、一日も早く沖縄の海が元の元気な姿に戻ることが願いであり、最大のビジョンとして、これからも仲間と一致団結して活動していきます。

最後に、私たちＮＰＯ法人美ら海振興会の本を出版するにあたり、ご協力頂いた皆様に、この場を借りてお礼を申し上げます。本当にありがとうございます。そして、とても感謝しています。

著　者

**松井さとし**（まつい　さとし）
1969年沖縄県那覇市生まれ。
有限会社シーマックス代表取締役、NPO 法人美ら海振興会会長、PADI コースディレクター、社団法人レジャー・スポーツダイビング産業協会理事・沖縄支部長、第十一管区海上保安本部指定海上安全指導員。
2009年に全国最優秀 PADI コースディレクター賞、2008年・2010年に全国優秀 PADI コースディレクター賞を受賞。

**吉崎 誠二**（よしざき せいじ）
1971年兵庫県伊丹市生まれ。立教大学博士前期課程修了。
船井総合研究所上席コンサルタント、NPO 法人美ら海振興会理事、沖縄大学特別研究員。
メインコンサルティング領域は、不動産・住宅領域、さらに企業 CSR 関連。著書：『行列のできる奇跡の商店街』『本土に負けない沖縄企業』他３冊。ダイヤモンド（WEB 版）他に連載多数。

サンゴいっぱいの海に戻そう
――美ら海振興会がめざす未来――

2011年 11月14日　第１刷発行

著　者
松井《まつい》さとし・吉崎誠二《よしざきせいじ》

発行所
㈱芙蓉書房出版
（代表 平澤公裕）
〒113-0033東京都文京区本郷3-3-13
TEL 03-3813-4466　FAX 03-3813-4615
http://www.fuyoshobo.co.jp

印刷・製本／モリモト印刷

ISBN978-4-8295-0543-4